Olaf Fritsche

Physik VII

Quanten- und Atomphysik

Springer

Olaf Fritsche
fritsche@wissenschaftwissen.de
http://www.wissenschaftwissen.de

ISBN 978-3-662-47533-1 ISBN 978-3-662-47534-8 (eBook)

Die Deutsche Nationalbibliothek verzeichnet diese Publikation in der Deutschen Nationalbibliografie; detaillierte bibliografische Daten sind im Internet über http://dnb.d-nb.de abrufbar.

Springer

Planung: Dr. Doreen Pietzsch

Gedruckt auf säurefreiem und chlorfrei gebleichtem Papier.

Springer-Verlag GmbH Berlin Heidelberg ist Teil der Fachverlagsgruppe Springer Science+Business Media
(www.springer.com)

Inhaltsverzeichnis

1 Voraussetzungen

Obwohl die Quantenphysik eine stark mathematisierte Wissenschaft ist, werden wir in diesem Studienbuch die mathematischen Anforderungen auf dem gleichen Niveau wie in den vorangegangenen Bänden belassen. Wir sollten daher mit Integral- und Infinitesimalrechnung vertraut sein und eine Vorstellung von Differenzialgleichungen haben.

Im Bereich der Physik benötigen wir das Wissen der vorangegangenen Bände zur Mechanik und zur Optik. Insbesondere das Verhalten von Wellen sollte uns geläufig sein.

Lernziele

2

In den Studienbänden zur Mechanik haben wir gelernt, dass sich Materie aus Teilchen wie Elektronen, Protonen und Atomen zusammensetzt, die wir uns als kleine feste Kugeln vorstellen können. Sie nehmen nur einen exakt definierten Raum mit scharfen Grenzen ein. Sie bewegen sich geradlinig, bis eine äußere Kraft ihren Bewegungszustand ändert. Und sie tauschen Energie durch Stöße aus.

Licht ist dagegen eine Welle, mit der sich schwingende elektrische und magnetische Felder ausbreiten, wie wir im Studienband zur Optik erfahren haben. Es kann transparente Materie durchdringen. Es wird an Kanten in den Schattenbereich gebeugt. Es kann sich beim Zusammentreffen mit anderen Wellen verstärken oder abschwächen. Und es erzeugt sich an jedem Raumpunkt, den es erreicht, als Überlagerung zahlreicher Elementarwellen neu.

In diesem Band werden wir sehen, dass die Zuordnung zu Teilchen und Wellen bei genauerer Betrachtung keineswegs so einfach ist. Wir werden Experimente kennenlernen, nach denen sich Licht manchmal wie ein Teilchen verhält und Materie Eigenschaften von Wellen zeigt. Anschließend sehen wir uns die Schrödinger-Gleichung an, die den Dualismus von Wellen- und Teilchencharakter mit einem neuen Konzept vereint. Und wir treffen auf erste unerwartete Folgerungen aus der Doppelnatur der Dinge, wenn wir uns mit der Heisenberg'schen Unschärferelation beschäftigen.

Schließlich wenden wir unser neues Wissen auf die innere Struktur von Atomen und Molekülen an und erfahren die Mechanismen, denen Substanzen ihre spektroskopischen Fingerabdrücke verdanken.

Am Ende dieses Studienbands sollten wir den Aufbau von Materie sowie deren Welleneigenschaften und die Abläufe bei der Interaktion mit Licht kennen. Die Grundbegriffe der Quantenphysik und ihre Bedeutung für die Chemie sollten uns geläufig sein, und wir sollten in der Lage sein, mit ihrer Hilfe gängige Labormethoden wie die Spektroskopie zu erklären.

Wir sollten zusätzlich die wichtigsten Gleichungen kennen und in der Lage sein, bei einem gegebenen physikalischen oder chemischen Problem die passenden Formeln auszuwählen und mit ihnen eine rechnerische Lösung zu finden.

Einführung in die Quantenphysik

3

Um die Wende vom 19. zum 20. Jahrhundert brach das Weltbild der klassischen Physik in sich zusammen. Max Planck stellte fest, dass die Energie des Lichts keineswegs kontinuierlich ist und jeden beliebigen Wert annehmen kann, sondern in kleinen Paketen mit diskreten Werten verpackt ist, den sogenannten Quanten. Wenig später wies Albert Einstein nach, dass Licht sich manchmal sogar wie ein festes Teilchen verhält, das mit anderen, klassischen Teilchen wie Elektronen Energie durch Zusammenstöße austauscht. Die dadurch ausgelöste Krise führte zur Entwicklung einer neuen Teildisziplin der Physik: der Quantenmechanik. Sie beschreibt mit ihren Modellen und Gleichungen sehr genau die Abläufe auf atomarer und subatomarer Ebene. Selbst ihre eigentlich unglaublichen Aussagen, wie Teilchen, die an zwei Stellen gleichzeitig sind, oder solche, die durch Wände gehen können, haben sich in Experimenten schließlich als zutreffend herausgestellt.

In diesem Kapitel erarbeiten wir uns ein Grundverständnis für die Quantenmechanik, bevor wir unser Wissen in den folgenden Kapiteln auf Atome und Moleküle anwenden.

3.1 Licht hat manchmal auch Teilchencharakter

Tipler
Abschnitt *32.2 Licht als Teilchen: Photonen* und Beispiele 32.1 bis 32.4

Wenn Licht auf eine Metalloberfläche fällt, kann es unter bestimmten Voraussetzungen Elektronen aus dem Material lösen. Dafür muss die zugeführte Energie ausreichen, um die Bindungskräfte der Atomrümpfe zu überwinden. Bleibt danach noch Energie übrig, kann das Elektron diese als kinetische Energie in Bewegung umsetzen, mit der es in eine zufällige Richtung von der Metallfläche flieht. Diesen **photoelektrischen Effekt** können wir mit einer Versuchsanordnung wie in Abbildung 32.1 im Tipler verfolgen und vermessen. Die Physik kannte ihn bereits im 19. Jahrhundert – doch erklären konnte sie ihn lange Zeit nicht.

Nach der klassischen Vorstellung vom Licht hängt dessen Energie nämlich von der Intensität der Strahlung ab. Lassen wir also genügend Licht auf die metallene Kathode C in Abbildung 32.1 fallen, sollten dort Elektronen aus dem Gitter treten, von denen einige zur Anode A fliegen, sodass ein elektrischer Strom fließt, der umso größer ist, je heller das Licht ist. In der Praxis zeigte sich jedoch, dass auch extrem intensives rotes Licht nicht den kleinsten Stromfluss antreiben konnte. Ultraviolettes Licht brachte das Amperemeter dagegen auch dann zum Ausschlagen, wenn seine Intensität ziemlich niedrig blieb. Anscheinend gibt es eine untere kritische Frequenz oder **Grenzfrequenz** ν_k – und eine entsprechende obere **Grenzwellenlänge** λ_k –, die das einfallende Licht überschreiten muss, um Elektronen aus dem Metall zu schlagen. Nach der klassischen Vorstellung hätte aber alles Licht gleichwertig sein müssen.

Die Experimente zum photoelektrischen Effekt setzten dem Licht aber nicht nur eine untere Grenze, sondern beschränkten es auch nach oben. Legen wir an die Elektroden in Abbildung 32.1 eine elektrische Spannung, bei der die Anode im Vergleich zur Kathode ein negatives Potenzial hat, müssen die Photoelektronen gegen dieses elektrische Feld ankämpfen, um die Anode zu erreichen. Je größer die Spannung ist, umso weniger Elektronen haben dafür ausreichend kinetische Energie und desto kleiner wird der Strom. Im klassischen Weltbild müsste die obere Schwelle, ab welcher überhaupt keine Elektronen mehr zur Anode gelangen, wiederum von der Lichtintensität abhängen. Erneut zeigte sich jedoch, dass die Wellenlänge des einfallenden Lichts entscheidend ist. Auch dieses Mal konnte kurzwelliges Licht einer größeren Gegenspannung trotzen als langwelliges. Irgend etwas stimmte nicht mit der Vorstellung vom Licht und seiner Energie.

Erst Albert Einstein konnte das Rätsel lösen. Dafür löste er sich von der Vorstellung, dass Licht eine elektromagnetische Welle und nichts anderes sei und behandelte es wie Teilchen. Diese **Photonen** besitzen eine Energie E, deren Wert nach der **Einstein'schen Gleichung** von der Wellenlänge λ des Lichts bzw. seiner Frequenz ν abhängt:

$$E = h\,\nu = \frac{h\,c}{\lambda} \tag{3.1}$$

Neben der Lichtgeschwindigkeit c finden wir in dieser Gleichung das **Planck'sche Wirkungsquantum** h, das den Zusammenhang zwischen der Energie und der Frequenz herstellt. Sein Wert liegt bei:

$$h = 6{,}626 \cdot 10^{-34}\,\mathrm{J\,s} = 4{,}136 \cdot 10^{-15}\,\mathrm{eV\,s} \tag{3.2}$$

Stößt ein Photon mit einem Elektron zusammen, schluckt es in diesem Fall dessen gesamte Energie. Das Photon hört damit auf zu existieren. Um das Metallgitter zu verlassen, muss die Energie mindestens so groß sein wie die Austrittsarbeit oder Ablösearbeit W_{Abl}. Photonen mit der Grenzfrequenz oder Grenzwellenlänge liefern gerade so viel Energie:

$$W_{\mathrm{Abl}} = h\,\nu_k = \frac{h\,c}{\lambda_k} \tag{3.3}$$

Wie groß die Ablösearbeit ist, hängt von der Art des Metalls ab. Sie liegt im Bereich einiger Elektronenvolt (eV). Die Energie eines Photons in eV können wir berechnen, wenn wir die Konstanten $h\,c$ in Gleichung 3.1 zusammenfassen:

$$E = \frac{1240\,\mathrm{eV\,nm}}{\lambda} \tag{3.4}$$

Für Zink mit einer Ablösearbeit von etwa 4,3 eV muss das Licht daher eine Wellenlänge haben, die gleich oder kürzer als die Grenzwellenlänge von rund 290 nm ist.

Damit war erklärt, dass langwelliges Licht aus energiearmen Photonen trotz hoher Intensität keine Elektronen aus dem Metall herauslösen kann. Nicht die Intensität bestimmt den Energiegehalt des Lichts, sondern seine Wellenlänge. Nur kurzwelliges Licht konnte die Ablösearbeit aufbringen.

In monochromatischem Licht haben alle Wellen die gleiche Wellenlänge und die Photonen deshalb auch den gleichen Energiegehalt. Die losgelösten Elektronen starten alle mit der gleichen kinetischen Energie E_{kin}, die sich aus der Differenz zwischen der Photonenenergie $h\,\nu$ und der Ablösearbeit ergibt die **Einstein'sche photoelektrische Gleichung**:

$$E_{\mathrm{kin}} = \left(\frac{1}{2}\,m\,v^2\right) = h\,\nu - W_{\mathrm{Abl}} \tag{3.5}$$

Abbildung 32.2 im Tipler zeigt für Licht verschiedener Frequenz die zugehörigen kinetischen Energien. Die experimentell ermittelten Daten lassen sich durch eine Gerade verbinden, deren Steigung gerade dem Planck'schen Wirkungsquantum entspricht, wie es Gleichung 3.5 vorgibt.

Einige Elektronen verlieren durch Zusammenstöße innerhalb des Metalls einen Teil dieser Bewegungsenergie, aber mehr kinetische Energie kann kein Elektron aufbringen, um gegen ein elektrisches Gegenfeld anzufliegen. Der elektrische Stromfluss kommt darum unabhängig von der Intensität des Lichts abrupt zum Erliegen, sobald die Gegenspannung zu groß wird.

Einsteins Modell der Photonen als Lichtteilchen konnte erstmals den photoelektrischen Effekt erklären, wofür der Physiker 1922 den Nobelpreis erhielt. Offensichtlich ist Licht nicht nur eine elektromagnetische Welle, sondern zeigt gelegentlich auch Eigenschaften eines Teilchens.

Beispiel

Wir nutzen den photoelektrischen Effekt in einigen Laborapparaten. In einem Photomultiplier oder Photoelektronenvervielfacher löst schwaches Licht aus einer metallischen Photokathode Elektronen heraus, die in einem elektrischen Feld beschleunigt werden und nach dem Lawinenprinzip beim Auftreffen auf weitere Elektroden ein Vielfaches an Sekundärelektronen freisetzen. Empfindliche optische Spektroskope enthalten Photomultiplier als Detektoren.

Bei der Photoelektronenspektroskopie werden Festkörper mit Elektronen analysiert, die durch ultraviolette oder Röntgen-Photonen aus dem Material gelöst werden. Die gesuchte Information steckt in der Ablösearbeit, die vom jeweiligen Element und in geringerem Maße von dessen chemischen Bindungen abhängt. ◀

Der photoelektrische Effekt ist nicht das einzige Phänomen, das den Teilchencharakter von Licht beweist. Lassen wir Photonen mit hoher Energie auf freie Elektronen fallen, können wir die **Compton-Streuung** beobachten, die abläuft wie der Zusammenstoß fester Teilchen.

Genau genommen sind die freie Elektronen in dem Experiment nicht wirklich frei. Allerdings ist ihre Bindungsenergie von wenigen eV, mit denen sie an ihre Atomrümpfe gefesselt sind, sehr viel kleiner als die Röntgenstrahlung, deren Photonen mehrere tausend eV mitbringen. Innerhalb der Messgenauigkeit verhalten sich die Elektronen daher, als wären sie ungebunden.

Trifft ein energiereiches Röntgen-Photon ein Elektron, stößt es mit dem **Impuls eines Photons** p auf das Teilchen:

$$p = \frac{h}{\lambda} \tag{3.6}$$

Wie bei einem klassischen mechanischen elastischen Stoß überträgt das Photon einen Teil seiner Energie auf das Elektron, das dadurch beschleunigt wird. Das Photon wird abgelenkt und setzt seinen Weg mit verminderter Energie in eine andere Richtung fort. Nach der **Compton-Gleichung** ist seine Wellenlänge nach dem Zusammenstoß λ_2 geringer als die Wellenlänge vor der Streuung λ_1:

$$\lambda_2 - \lambda_1 = \frac{h}{m_e\, c}\,(1 - \cos\theta) = \lambda_{\text{Compton}}\,(1 - \cos\theta) \tag{3.7}$$

Hier ist m_e die Masse des Elektrons und θ der Winkel, um den das Photon abgelenkt wird. Der Bruch $h/(m_e\, c)$ wird als **Compton-Wellenlänge** λ_{Compton} bezeichnet. Da all ihre Komponenten Konstanten sind, hat sie einen festen Wert:

$$\lambda_{\text{Compton}} = 2{,}426 \cdot 10^{-12}\ \text{m} = 2{,}426\ \text{pm} \tag{3.8}$$

Compton-Streuung tritt nicht nur auf, wenn Photonen auf Elektronen treffen, sondern auch bei Zusammenstößen mit Protonen und Neutronen. Die Photonen verhalten sich in solchen Fällen also wie typische Teilchen.

3.2 Materie kann wie eine Welle sein

Außer Wellen, die sich unter bestimmten Umständen wie Teilchen verhalten, finden wir in der Welt der subatomaren Teilchen, Atome und Moleküle auch den umgekehrten Fall: Materie, die sich wie eine Welle verhält!

Tipler
Abschnitt *32.3 Teilchen als Materiewelle* und Beispiel 32.4

Zwei der **typischen Eigenschaften, die nur Wellen zeigen**, aber nicht bei Teilchen beobachtet werden, sind energieabhängige Streuung und Beugung mit anschließender Interferenz. Die Abläufe bei der **Streuung** einer Welle an einem Objekt können wir uns so vorstellen, dass das Objekt die Welle absorbiert und anschließend gleich wieder emittiert. Dabei sendet es die Welle bevorzugt in bestimmte Richtungen aus, die von der Wellenlänge abhängen. Hierin liegt der Unterschied zum elastischen Stoß zweier Teilchen: Die Richtung, in welche ein Teilchen von einem Objekt abprallt, ändert sich mit dem Aufprallwinkel, aber nicht mit seiner kinetischen Energie. Im Davisson-Germer-Experiment, das in Abbildung 32.5 im Tipler gezeigt ist, wurden Elektronen, die auf einen Nickelkristall trafen, genau in dem Winkel abgelenkt, der typisch für eine gestreute Welle mit der Energie der Elektronen ist. Obendrein hatte jede Energie die passenden Winkelmaxima und -minima.

Einen weiteren Beleg für die Wellennatur der Materie erhalten wir, wenn wir Teilchen auf dünne Metallfolien schießen. Beim Durchgang durch die Lücken zwischen den Metallatomen werden die Teilchenstrahlen gebeugt wie Licht an einem Spalt und erzeugen auf einem Schirm das gleiche **Beugungsmuster** wie Licht (Abbildung 32.6 im Tipler). Hätte Materie ausschließlich Teilchencharakter, wären einige Teilchen zwar durch Stöße mit den Atomen vom geraden Weg abgelenkt worden. Aber als Teilchen hätten sie nicht durch Interferenz die typische Abfolge von Intensitätsmaxima und - minima produzieren können.

Die beiden Experimente zeigen also, dass sich Materie in manchen Fällen wie eine Welle verhält. Außer bei Elektronen konnten Wissenschaftler solche **Materiewellen** auch für Protonen, Neutronen und ganzen Atomen nachweisen. Die **De-Broglie-Wellenlänge** eines Elektrons, die der französische Physiker Louis de Broglie 1924 berechnete, liegt bei:

$$\lambda = \frac{h}{p} \tag{3.9}$$

Die Formel entspricht genau Gleichung 3.6 für den Impuls eines Photons.

Auch die **De-Broglie-Gleichung für die Frequenz von Elektronenwellen** kennen wir vom Zusammenhang zwischen der Energie und der Frequenz eines Photons (Gleichung 3.1):

$$\nu = \frac{E}{h} \tag{3.10}$$

Verallgemeinert auf beliebige Materie gilt für die **Wellenlänge eines Teilchens** mit der Masse m:

$$\lambda = \frac{h\,c}{\sqrt{2\,m\,c^2\,E_{\text{kin}}}} = \frac{1240\,\text{eV}\cdot\text{nm}}{\sqrt{2\,m\,c^2\,E_{\text{kin}}}} \tag{3.11}$$

Speziell für Elektronen, deren kinetische Energie wir in der Einheit Elektronenvolt kennen, erhalten wir damit:

$$\lambda = \frac{1{,}226\,\text{nm}}{\sqrt{E_{\text{kin}}}} \tag{3.12}$$

Obwohl im Prinzip auch makroskopische Objekte Wellencharakter haben, können wir ihn bereits bei Staubkörnchen nicht mehr feststellen. Ihre Masse ist so groß, dass die Wellenlänge zu kurz ist, um noch Phänomene wie Beugung oder Interferenz nachweisen zu können. Die Alltagswelt um uns herum erscheint uns deshalb fest und solide.

Beispiel

In Elektronenmikroskopen nutzen wir die kurzen Wellenlängen der Teilchen, um damit Objekte zu durchleuchten, die kleiner sind als das Auflösungsvermögen von Lichtmikroskopen. Während ein Lichtmikroskop wegen der großen Wellenlänge des Lichts nur Punkte mit wenigstens 200 nm Abstand als getrennt zeigen kann, reicht die Auflösung eines Elektronenmikroskops bis hinab zu Abständen von 0,1 nm.

Weil optische Linsen keine Elektronen umlenken können, fokussieren in Elektronenmikroskopen magnetische Linsen die Teilchenstrahlen. Absorbierend wirken vor allem Elemente mit hohen Ordnungszahlen, weshalb die Objekte manchmal vor der Untersuchung mit schweren Atomen versetzt werden müssen, um den Kontrast zu steigern. ◀

3.3 Weder ganz Teilchen noch ganz Welle

Tipler
Abschnitt *32.5 Der Welle-Teilchen-Dualismus*

Licht ist nicht nur Welle, sondern auch Teilchen, und Materie besteht nicht nur aus Teilchen, sondern ist zugleich eine Welle. Der **Welle-Teilchen-Dualismus** lässt sich nicht mit unseren klassischen Vorstellungen von Teilchen und Wellen vereinbaren. In der Quantenwelt des Mikrokosmos stellt er eine Eigenschaft dar, für die wir keine Vergleiche haben. Am besten hat sich bewährt, so zu tun, als sei ein Objekt mal eine Welle und mal ein Teilchen – welches von beiden, hängt davon ab, was gerade geschieht.

Das wird besonders deutlich, wenn wir **Elektronen durch einen Doppelspalt** schicken. Im Studienband zur Optik haben wir gesehen, dass eine klassische Welle auf einem Schirm hinter dem Spalt ein kontinuierliches Interferenzmuster aus hellen und dunklen Streifen erzeugt. Ein klassisches Teilchen könnte dagegen nur durch den einen oder den anderen Spalt fliegen und würde so in der geraden Verlängerung zwei helle Streifen produzieren. Tatsächlich bekommen wir dieses Ergebnis, wenn wir abwechselnd je einen der Spalte abdecken und die Elektronen nur durch eine Öffnung schicken. Konfrontieren wir sie jedoch mit einem Doppelspalt, erhalten wir ein eindeutiges Weder-noch-Ergebnis, wie es im Tipler als Eingangsbild für das Kapitel gezeigt ist. Die Elektronen erzeugen auf dem Schirm scharf begrenzte Punkte, wie wir sie von einem auftreffenden Teilchen erwarten. Je mehr Elektronen den Schirm erreichen, umso deutlicher wird aber, dass nicht nur zwei helle Streifen entstehen, sondern mehrere. Es entwickelt sich ein Interferenzmuster, das nicht glatt ist wie beim Doppelspaltexperiment mit Licht, sondern körnig. Dennoch weist die Elektronenverteilung Maxima und Minima auf in Bereichen, an denen wir sie nur erklären können, wenn die Elektronen zwischenzeitlich als Wellen vorlagen und interferiert haben.

An solchen Ergebnissen sehen wir, dass sich Elektronen – und auch andere Teilchen und Wellen – stets situationsangepasst verhalten. Als grobe Grundregel können wir uns merken:

- „Teilchen“ breiten sich als Welle aus und können dabei gebeugt werden und sich überlagern.
- Beim Zusammentreffen mit anderen Teilchen agieren sie wie feste Körper und tauschen Energie durch Stöße aus.

Beispiel

Sogenannte thermische Neutronen haben eine De-Broglie-Wellenlänge im Bereich der Größe ganzer Atome. Bei der Neutronenbeugung oder Neutronendiffraktometrie schießen wir einen Strahl solcher Neutronen auf einen Festkörper. Die Neutronen werden gestreut und bilden ein Interferenzmuster aus, das Informationen zum Aufbau des Festkörpers enthält, die wir mit dem Computer aus den Beugungsbildern errechnen können. Im Gegensatz zur Röntgenbeugung, die vor allem an den Elektronenhüllen abläuft, reagiert die Neutronenbeugung in erster Linie auf die Atomkerne der Probe. Sie kann daher zwischen verschiedenen Isotopen unterscheiden und auch Wasserstoff abbilden. ◀

3.4 Die Schrödinger-Gleichung beschreibt wellige Materie

Wenn Materie eine Welle ist, brauchen wir eine passende Funktion, mit der wir den Verlauf der Schwingungen berechnen können, und wir sollten wissen, welche Größe eigentlich bei einem Teilchen oszilliert.

Tipler
Abschnitt *32.4 Die Schrödinger-Gleichung* und Beispiel 32.5

Die mathematische Beschreibung der Materiewellen geht von der **Schrödinger-Gleichung** aus. Es gibt sie in verschiedenen Versionen:

- Die zeitabhängige Schrödinger-Gleichung beschreibt die Welle und ihre Ausbreitung. Sie hängt vom Ort und von der Zeit ab und ist daher ziemlich komplex. In der Chemie benötigen wir sie vor allem, wenn wir die Übergänge zwischen verschiedenen Energieniveaus eines Teilchens genau verfolgen wollen. In der Regel reicht es aber, wenn wir diese Wechsel vernachlässigen und einfach nur den Anfangs- und den Endzustand betrachten.
- Für diese Zwecke genügt die zeitunabhängige Schrödinger-Gleichung. Sie behandelt nur Wellen, die sich im Laufe der Zeit nicht verändern, also stehende Wellen. Damit beschreiben sie sehr gut die Zustände von Elektronen im Atom, denn nur eine stehende Welle kann in einem eingeschränkten Raum auf Dauer existieren. Eine zeitlich veränderliche Welle würde mit sich selbst interferieren und sich dabei auslöschen.

Die **zeitunabhängige Schrödinger-Gleichung** lautet für eine Dimension:

$$-\frac{\hbar}{2\,m}\,\frac{\mathrm{d}^2\psi(x)}{\mathrm{d}x^2} + E_{\mathrm{pot}}(x)\,\psi(x) = E\,\psi(x) \tag{3.13}$$

Und für drei Dimensionen:

$$-\frac{\hbar}{2\,m}\left(\frac{\mathrm{d}^2\psi}{\mathrm{d}x^2} + \frac{\mathrm{d}^2\psi}{\mathrm{d}y^2} + \frac{\mathrm{d}^2\psi}{\mathrm{d}z^2}\right) + E_{\mathrm{pot}}(x,\,y,\,z)\,\psi(x) = E\,\psi \tag{3.14}$$

Darin ist $\hbar$ das sogenannte reduzierte Planck'sche Wirkungsquantum:

$$\hbar = \frac{h}{2\,\pi} \tag{3.15}$$

Der Faktor $2\,\pi$ stammt vom Wechsel von der normalen Frequenz ν, bei der mit dem gewöhnlichen Planck'schen Wirkungsquantum h gerechnet wird, zur Kreisfrequenz $\omega = 2\,\pi\,\nu$, die das reduzierte Wirkungsquantum $\hbar$ erfordert.

Der griechische Buchstabe ψ (*psi*) steht für eine Funktion, mit der die Differenzialgleichungen 3.13 und 3.14 gelöst werden können. Der Funktionswert ist in der Regel eine komplexe Zahl. Es gibt mehrere dieser sogenannten **Wellenfunktionen**. Ihnen ist gemeinsam, dass sie so gestaltet sind, dass wir sowohl ihre zweite Ableitung als auch

die eigentliche Funktion in die Gleichung einsetzen können und diese dann tatsächlich „aufgeht".

Während der vordere Term mit den Brüchen in der Schrödinger-Gleichung uns die kinetische Energie des Elektrons angibt, fügt der zweite Term die potenzielle Energie hinzu. Ihr Wert hängt von der Umgebung ab, beispielsweise von der Entfernung des Elektrons vom Atomkern. Zusammen ergeben die beiden Teilenergien die **Gesamtenergie des Elektrons**, die wir auf der rechten Seite der Gleichung finden.

Für Chemiker ist deshalb weniger die Schrödinger-Gleichung selbst von Interesse, als vielmehr die Wellenfunktion. Sie verrät uns nämlich die Wahrscheinlichkeit, mit der sich ein Elektron in einem bestimmten Bereich aufhält. Diese **Aufenthaltswahrscheinlichkeitdichte** P ist mathematisch gesehen das Quadrat des Betrags der Wellenfunktion für diesen Bereich:

$$P = |\psi|^2 \tag{3.16}$$

Die **Wahrscheinlichkeit**, das Elektron in einem Abschnitt auf der x-Achse (bei einer Dimension) oder in einem Volumenelement (bei drei Dimensionen) anzutreffen, erhalten wir, indem wir die betreffende Wahrscheinlichkeitsdichte mit dem Abschnitt bzw. dem Volumen multiplizieren. Teilen wir den Raum um den Atomkern lückenlos in winzige Volumenelemente auf, können wir so mit der Funktion für die Materiewelle die Orbitale bestimmen, in denen das Elektron als Teilchen vorkommen kann. Wir werden uns später ansehen, welche Formen und Energiewerte wir dabei für das Wasserstoffatom erhalten.

Bei der Suche nach der geeigneten Wellenfunktion dürfen wir jedoch nicht jede mathematisch mögliche Lösung der Schrödinger-Gleichung verwenden. Sie muss zusätzlich die **Normierungsbedingung** erfüllen, dass sich das Elektron nach ihrer Rechnung überhaupt irgendwo im Universum befindet. Die Wahrscheinlichkeit, es zwischen den Grenzen von minus bis plus Unendlich in allen drei Raumrichtungen anzutreffen, muss also gleich 1 sein. Für eine Dimension lautet die Normierungsbedingung damit:

$$\int_{-\infty}^{\infty} |\psi|^2 \, \mathrm{d}x = 1 \tag{3.17}$$

Wenn wir für drei Dimensionen die x-, y- und z-Richtungen mit einem Vektor $\boldsymbol{r}$ abtasten, erhalten wir als Normierungsbedingung der Wellenfunktion in drei Dimensionen:

$$\int |\psi(\boldsymbol{r})|^2 \, \mathrm{d}^3 r = 1 \tag{3.18}$$

Neben Elektronen können wir auch alle anderen Teilchen und sogar die Photonen des Lichts mit der Schrödinger-Gleichung beschreiben.

3.5 Teilchen haben keinen festen Ort

Tipler
Abschnitte *32.5 Der Welle-Teilchen-Dualismus* und *32.6 Erwartungswert und klassischer Grenzfall*

Die Wellennatur der Materie hat Konsequenzen, die unserem gesunden makroskopischen Menschenverstand widersprechen. Nach der **Heisenberg'schen Unschärferelation**, die auch häufig als **Heisenberg'sches Unbestimmtheitsprinzip** bezeichnet wird, können wir bestimmte, miteinander gekoppelte Eigenschaften eines Teilchens nicht beliebig genau messen. Nicht etwa, weil unsere Messinstrumente zu primitiv und ungenau dafür sind, sondern, weil es grundsätzlich nicht möglich ist.

Das bedeutendste Paar von Eigenschaften, die unter die Unschärferelation fallen, sind der Ort und der Impuls eines Teilchens. Um den Ort festzustellen, müssen wir irgendwie die Information erhalten, wo es ist und wo nicht. Dazu schicken wir eine Art „Sonde",

die alle in Frage kommenden Stellen im Raum prüft. Diese Sonde könnte beispielsweise aus einem Photon bestehen, das den Raum Punkt für Punkt mustert. Überall, wo das gesuchte Teilchen nicht ist, fliegt das Photon ungehindert weiter. Trifft das Photon aber auf das Teilchen, wissen wir zwar, wo es sich befindet, allerdings nur ungefähr, denn das Photon selbst hat eine gewisse Ausdehnung und misst deshalb nicht beliebig genau. Außerdem stößt es das Teilchen an und verschiebt es durch diese Wechselwirkung. Ähnliche Probleme erwarten uns, wenn wir den Impuls ermitteln wollen. Durch die Messung interagiert die Sonde stets mit dem Teilchen und beeinflusst dessen Impuls. Wenn wir die Abläufe analytisch durchrechnen, kommen wir zu dem Ergebnis, dass das Produkt aus der Ungenauigkeit des Ortes Δx und der Ungenauigkeit des Impulses Δp eines Teilchens mindestens immer halb so groß wie das reduzierte Planck'sche Wirkungsquantum ist:

$$\Delta x \cdot \Delta p \geq \frac{1}{2}\hbar \tag{3.19}$$

Wir können die Aufgabe, den Ort und den Impuls eines Teilchens gleichzeitig zu bestimmen, mit dem Versuch vergleichen, einen Ball zu fotografieren und aus dem Bild auf seinen Ort und seine Geschwindigkeit zu schließen. Wählen wir eine sehr kurze Verschlusszeit, erhalten wir ein scharfes Foto, aus dem wir recht genau den Ort des Balls ersehen können. Dafür lässt sich nicht einmal annähernd sagen, in welche Richtung er fliegt. Bei einer längeren Belichtungszeit zeigt das Bild eine verwischte Spur, aus der wir die Richtung sehen und die Geschwindigkeit berechnen können. Dafür gibt es keine klare Antwort, wo der Ball sich befindet. Die Genauigkeit der einen Größe geht zwangsläufig immer auf Kosten der Exaktheit der anderen Größe.

Im Alltag und bei den allermeisten Arbeiten im Labor fällt uns die Unschärfe quantenphysikalischer Eigenschaften nicht auf, da sie um viele Größenordnungen geringer sind als die Genauigkeiten unserer Messinstrumente.

Trotzdem wüssten wir manchmal gerne, an welcher Stelle sich ein Teilchen höchstwahrscheinlich gerade aufhält. Wir wählen zu diesem Zweck den **Erwartungswert** $\langle x \rangle$, der den Mittelwert aller Orte angibt, an denen wir das Teilchen bei einer extrem großen Zahl von Messungen finden würden. Weil wir in der Praxis keine so genauen Messungen durchführen können, berechnen wir ihn stattdessen aus den Wahrscheinlichkeiten, die uns die Wellenfunktion ψ liefert.

Mit den Erwartungswerten können wir anschließend gemäß **Ehrenfest-Theorem** die Bewegungen von Teilchen nach den klassischen Regeln berechnen.

> Die Erwartungswerte von quantenmechanischen Größen erfüllen näherungsweise die gleichen Bewegungsgleichungen wie die äquivalenten klassischen Größen. (Ehrenfest-Theorem nach Tipler)

Der dänische Physiker Nils Bohr erkannte, dass sich die klassische und die Quantenphysik auch bei sehr hohen Energieniveaus des Wasserstoffatoms einander annähern, wie er im **Bohr'schen Korrespondenzprinzip** formulierte:

> Im Grenzfall sehr hoher Quantenzahlen müssen die klassische und die quantenmechanische Berechnung das gleiche Resultat liefern. (Tipler)

Es zeigte sich immer mehr, dass die klassische Physik eigentlich nur ein Spezialfall der Quantenphysik mit vielen Teilchen und hohen Energien ist.

3.6 Simple Modelle für Elektronen und Atome

Tipler
Kapitel *33 Anwendungen der Schrödinger-Gleichung*

Mit der Schrödinger-Gleichung können wir die Eigenschaften der Materiewellen von Atomen in Raum und Zeit beschreiben. Viele Aussagen lassen sich aber bequemer mit Hilfe einfacherer Modelle treffen. Physiker untersuchen daher das Verhalten von Materiewellen und der zugehörigen Teilchen an idealisierten Systemen wie beispielsweise einem „Kasten mit unendlich hohem Potenzial". Kapitel 33 im Tipler behandelt mehrere solche Modelle. Wir fassen hier nur kurz die wesentlichen Punkte und Ergebnisse zusammen, die mitunter wichtig sind, um den Hintergrund chemischer Prozesse zu verstehen.

Bei allen Rechnungen mit der Schrödinger-Gleichung und der Wellenfunktion müssen wir bestimmte **Randbedingungen** aufstellen. Darunter verstehen wir Annahmen, mit denen die Funktionen eingeschränkt werden. Beispielsweise erstreckt sich die Materiewelle nach den Formeln in alle Richtungen bis ins Unendliche, wobei die Wahrscheinlichkeit, ein Teilchen anzutreffen, mit der Entfernung vom Mittelpunkt dramatisch abnimmt. Wollen wir die Welle absichtlich auf einen engen Raum eingrenzen – wie einen „Kasten" oder ein Atom –, müssen wir als Randbedingung das Teilchen in diesem Raum einsperren, indem wir etwa die potenzielle Energie für alle Bereiche außerhalb auf Unendlich setzen. Physiker bezeichnen dies als *Kasten mit unendlich hohem Potenzial.* Weil kein Teilchen unendlich viel Energie für die Flucht beschaffen kann, wird es wie gewünscht innerhalb des Kastens bleiben.

Je nach Fragestellung verwenden Physiker **verschiedene Modelle** zur Berechnung der Verteilung, des Verhaltens und der Energien von Materiewellen, die mit zunehmender Komplexität der Realität eines echten Atoms immer näher kommen:

- Im Kasten mit unendlich hohem Potenzial darf das Teilchen nur auf engem Raum, den es nicht verlassen kann, existieren (Abschnitt 33.1 im Tipler). Das Modell veranschaulicht grob ein Elektron, das an ein Atom gebunden ist.
- Aus dem Kasten mit endlich hohem Potenzial kann das Teilchen ausbrechen, wenn es ausreichend Energie aufbringt (Abschnitt 33.2 im Tipler). Das Elektron kann dadurch an das Atom gebunden oder frei ohne Atom existieren.
- Der harmonische Oszillator hat keine Kastenform, sondern folgt der Parabel x^2 (Abschnitt 33.3 im Tipler). Dadurch ändert sich wie bei den Elektronen eines Atoms die Energie mit dem Abstand vom Zentrum bzw. Kern.

Als **wichtige Ergebnisse aus den Berechnungen an den stark vereinfachenden Modellen** erhalten wir:

- Die Energie eines eingesperrten Quanten-Teilchens sinkt niemals auf null ab. Es besitzt immer wenigstens die **Nullpunktsenergie**. Ein klassisches Teilchen könnte dagegen den energetischen Nullpunkt erreichen. Je enger der Bereich ist, in den das Teilchen eingeschlossen ist, desto höher liegt die Nullpunktsenergie. Diese Aussage gilt auch für Elektronen, die an Atome gebunden sind.
- Innerhalb des beschränkten Raumes gibt es mehrere erlaubte Energiezustände für stabile Teilchenwellen. Nummerieren wir sie von unten nach oben durch, bekommen wir die **Quantenzahlen**. Eine Quantenzahl gibt somit einen der möglichen Zustände an, die ein Teilchen annehmen kann. Eingesetzt in die Wellenfunktion verrät sie uns die Energie dieses Zustands. Im Atom bestimmen die Quantenzahlen die Schale, das Orbital und den Spin eines Elektrons.
- Den energetisch niedrigsten Zustand bezeichnen wir als **Grundzustand**. Alle darüber liegenden Zustände sind **angeregte Zustände**.
- Indem das Teilchen die passende Menge Energie aufnimmt oder abgibt, kann es zwischen den Quantenzuständen wechseln, wir sagen: Es führt einen **Quantensprung** aus. So kann ein Elektron ein Photon absorbieren und mit dessen Energie auf ein

höheres Niveau springen. Anschließend kann es die Energie wieder durch Emission eines neuen Photons abgeben.

- Kann ein Teilchen sein Gefängnis verlassen, darf es jeden beliebigen Energiewert annehmen. Die Quantisierung der Energie, die innerhalb des eingeschränkten Raumes galt, ist außerhalb aufgehoben. Freie Elektronen können deshalb alle denkbaren Energiezustände einnehmen und Photonen jeglicher Wellenlänge absorbieren oder emittieren.
- Trotz der Randbedingungen, mit denen wir das Teilchen eingesperrt haben, reichen die Wellenfunktionen über den Rand hinaus, wenn die Energien außerhalb nicht unendlich hoch liegen. Da das Quadrat der Wellenfunktion ein Maß für die Wahrscheinlichkeit ist, ein Teilchen an einem bestimmten Ort anzutreffen, sieht es rechnerisch so aus, als könne das Teilchen mit einer sehr kleinen, aber immerhin vorhandenen Wahrscheinlichkeit aus seinem Gefängnis ausbrechen.

3.7 Teilchen können durch Wände tunneln

Stößt ein klassisches Teilchen gegen eine Wand, wird es von ihr zurückgeworfen. Eine Materiewelle fällt dagegen nicht sofort auf null ab. Sie erstreckt sich ein Stückchen weit in den klassisch verbotenen Bereich und wird dann reflektiert. Besitzt die Welle aber ausreichend Energie, splittet sie sich an der Grenze auf wie ein Lichtstrahl an einer Oberfläche. Ein Teil der Welle wird reflektiert, ein Teil tritt in Transmission in die Wand ein.

Tipler
Abschnitt *33.4 Reflexion und Transmission von Elektronenwellen an Potenzialbarrieren* und Beispiel 33.3

Für das Schicksal des Teilchen hat der Verlauf seiner Materiewelle an einer sogenannten Potenzialbarriere wichtige und aus Sicht der klassischen Physik nahezu unglaubliche Folgen. Wie wir oben erfahren haben, gibt das Quadrat des Betrags der Wellenfunktion multipliziert mit einem kleinen Volumenelement die Wahrscheinlichkeit an, das Teilchen innerhalb dieses Volumenelements zu finden. Überall dort, wo die Wellenfunktion ungleich null ist, könnten wir das Teilchen folglich als kleine Kugel finden. Ist der Wert der Wellenfunktion groß, stehen die Chancen, es anzutreffen, sehr gut. Bei kleinen Werten des Betragsquadrats ist die Wahrscheinlichkeit gering, aber eben nicht ganz null. Dringt eine Materiewelle also, wie in Abbildung 33.15 im Tipler gezeigt, teilweise in eine wandartige Potenzialbarriere ein und auf der anderen Seite wieder aus, sodass jenseits der Wand noch ein wenig von der Welle übrig ist, finden wir das zugehörige Teilchen in den allermeisten Fällen vor der Barriere. Ab und zu können wir es jedoch stattdessen in dem Bereich hinter der Wand antreffen. Dann ist es so, als hätte das Teilchen einen geheimen Tunnel gefunden und wäre hindurch gekrochen – es ist durch die Barriere „getunnelt". Der **Tunneleffekt** oder das **Quantentunneln** erlauben es also Teilchen, mit einer geringen Wahrscheinlichkeit, Hindernisse zu überwinden, an denen klassische Teilchen immer wieder und wieder scheitern würden.

Wie groß die Chance für ein Quantenteilchen ist, als Welle durch eine eigentlich viel zu hohe Barriere zu tunneln, hängt von der Energie ab, die das Teilchen mitbringt, sowie von der Dicke der Barriere und der Energiehürde, die es überschreiten müsste, um auf konventionelle Weise auf die andere Seite zu gelangen. Je größer die Hürde im Vergleich zur Teilchenenergie ist und je mächtiger die Wandschicht ist, desto geringer ist die Wahrscheinlichkeit, mit dem Tunneleffekt auf die andere Seite zu gelangen, denn innerhalb der Barriere fällt die Teilchenwelle exponentiell ab wie in Abbildung 33.15 im Tipler gezeigt.

Dass der **quantenmechanische Tunneleffekt in der Realität** durchaus von Bedeutung ist, zeigen einige Beispiele:

- Beim radioaktiven α-Zerfall sorgt der Tunneleffekt dafür, dass die Heliumkerne den Atomkern überhaupt verlassen können. Grundsätzlich sind die Nukleonen durch die starke Wechselwirkung im Kern gefangen. Weil sich aber ihre Wellenfunktion über die

Grenzen des Kerns hinaus erstreckt, erscheint gelegentlich ein α-Teilchen außerhalb der Barriere und wird dann wegen seiner doppelten positiven elektrischen Ladung sofort vom Kern abgestoßen.

- Die Kernfusion im Inneren der Sonne wäre ohne Tunneleffekt unmöglich. Die hohen Temperaturen und der gewaltige Druck in unserem Stern reichen alleine nicht aus, um die Abstoßungskräfte zwischen den Protonen zu überwinden. Die Wellenfunktion erstreckt sich mit einem geringen Teil durch die Coulomb'sche Potenzialbarriere und schmuggelt auf diese Weise die Kerne für eine Fusion zusammen.
- Beim Rastertunnelmikroskop tunneln Elektronen über den schmalen Spalt zwischen der Probe und der Abtastsonde (Abbildung 33.21 im Tipler). Den dadurch entstehenden Tunnelstrom verarbeitet ein Computer zu einem Bild, das die Probe mit atomarer Auflösung zeigt.

Quantenteilchen können also dank ihrer Wellennatur mitunter im wörtlichen Sinne durch Wände gehen. Dass sie dieses Kunststück wirklich dem Wellencharakter zu verdanken haben, sehen wir an einigen **Beispielen für tunnelnde klassische Wellen**, die ebenfalls ein eigentlich unüberwindbares Hindernis hinter sich lassen und plötzlich auf der anderen Seite wieder auftauchen. So können Lichtwellen, die an einem Übergang vom optisch dichteren Medium wie Glas zu einem optisch dünneren Medium wie Luft total reflektiert werden, den Sprung durch die Luft in ein zweites Stück Glas schaffen (Abbildung 33.18 im Tipler). Sogar Wasserwellen trotzen Barrieren aus tieferem Wasser, an denen sie vollständig zurückgeworfen werden müssten, wenn sich kurz dahinter wieder flaches Wasser erstreckt (Abbildung 33.19 im Tipler).

Beispiel

In der Chemie bringt der Tunneleffekt einige Reaktionen in Schwung, die ohne ihn nur langsam oder gar nicht ablaufen könnten. Häufig sind daran Protonen beteiligt, die ohne Zwischenstufe von einem Ort zum anderen tunneln, beispielsweise bei der Umwandlung von Methylammonium zu Ammoniak. Gelegentlich verändert der Tunneleffekt auch das Ergebnis einer chemischen Reaktion. So zerfällt Methylhydroxycarben ($H_3C{-}C{-}OH$) üblicherweise zu Ethenol ($H_2C{=}CH{-}OH$), bei tiefen Temperaturen dagegen mit dem Tunneleffekt zu Acetaldehyd ($H_3C{-}CHO$). ◀

Verständnisfragen

1. Die Austrittsarbeit, um ein Elektron aus Natrium zu lösen, beträgt 2,28 eV. Reicht sichtbares Licht mit einer Wellenlänge von 400 nm aus, um Elektronen aus einem Natriumblock zu schlagen?
2. Welche kinetische Energie müssen die Elektronen in einem Elektronenmikroskop haben, damit ihre Wellenlänge bei 0,1 nm liegt?
3. Im Jahr 2010 testete die japanische Raumsonde IKAROS ein Sonnensegel, mit dem sie innerhalb eines Monats um 100 m/s beschleunigte. Woher stammt die Kraft für diese Beschleunigung?

Atome

4

Die Schrödinger-Gleichung und die Wellenfunktionen sind die Grundlage für unser heutiges Bild vom Bau der Atome. Allerdings liefern die Formeln nur für Wasserstoff mit seinem einzelnen Atom exakte Lösungen. Schon ab zwei Teilchen müssen wir uns mit Näherungen begnügen. Dennoch verraten uns die Quantenzahlen einigermaßen genau, welche Energiezustände in einem Atom möglich sind, so dass wir anhand seiner Elektronenstruktur und Spektren sicher bestimmen können, zu welchem Element es gehört.

In diesem Kapitel sehen wir uns zunächst das Bohr'sche Atommodell an, das sich bereits von der klassischen Beschreibung der Atome gelöst hat, aber noch nicht auf den Vorstellungen der Quantenphysik beruht. Anschließend verfeinern wir das Modell mit der Schrödinger-Gleichung und gelangen so zum Orbitalmodell. Mit diesem können wir recht genau das Absorptions- und Emissionsverhalten der Elemente beschreiben. Zum Abschluss sehen wir uns die synchronisierte Emission von Photonen an, die dem Laser sein energiereiches Licht verleiht.

4.1 Atome funktionieren nicht nach klassischen Regeln

Tipler
Abschnitte *34.1 Das Atom und die Atomspektren* sowie *34.2 Das Bohr'sche Modell des Wasserstoffatoms*

Im Wesentlichen bestehen Atome aus nichts: Ein winziger Atomkern ist umgeben von noch winzigeren Elektronen. Schon früh ahnten Wissenschaftler, dass viele Eigenschaften der Atome auf die Energiewerte der Elektronen zurückzuführen waren. Beispielsweise hingen die Orte der Linien in den Atomspektren, wie sie in Abbildung 34.1 im Tipler für Wasserstoff und Quecksilber zu sehen sind, vom jeweiligen Element ab. Dessen Elektronen absorbierten oder emittierten Licht mit der entsprechenden Wellenlänge, wenn sie ihren energetischen Zustand änderten.

Mit den Gesetzen der klassischen Physik waren diese Zustände aber nicht zu erklären. Danach wird das Elektron eines Atoms von der Coulomb-Kraft zwischen der negativen Ladung des Elektrons $-e$ und der positiven Ladung des Kerns $+Z\,e$ angezogen, sodass wir für seine potenzielle Energie E_{pot} im Abstand r erhalten:

$$E_{\text{pot}} = \frac{1}{4\,\pi\,\varepsilon_0}\,\frac{Z\,e\cdot(-e)}{r} = -\frac{1}{4\,\pi\,\varepsilon_0}\,\frac{Z\,e^2}{r} \tag{4.1}$$

Die elektrische Feldkonstante ε_0 steht für die Durchlässigkeit des Vakuums zwischen Elektron und Kern für das elektrische Feld, mit dem die beiden einander anziehen.

Die Anziehungskraft wird von einer entgegengesetzten Fliehkraft aufgewogen, wenn das Elektron auf einer Kreisbahn um den Kern fliegt. Als Antrieb für die Beschleunigung dient erneut die Coulomb'sche Anziehungskraft. Die kinetische Energie des Elektrons E_{kin} ist damit:

$$E_{\text{kin}} = \frac{1}{2}\,m\,v^2 = \frac{1}{2}\,\frac{1}{4\,\pi\,\varepsilon_0}\,\frac{Z\,e^2}{r} \tag{4.2}$$

Die potenzielle Energie ist demnach betragsmäßig doppelt so groß wie die kinetische Energie:

$$E_{\text{pot}} = -2\,E_{\text{kin}} \tag{4.3}$$

Die **Gesamtenergie eines Teilchens auf einer Kreisbahn** wäre folglich nach den klassischen Gesetzen der Physik:

$$E = E_{\text{kin}} + E_{\text{pot}} = -\frac{1}{2}\,\frac{1}{4\,\pi\,\varepsilon_0}\,\frac{Z\,e^2}{r} \tag{4.4}$$

Diese Anordnung mit dem kreisenden Elektron ist allerdings nicht stabil, da das Elektron auf einer Kreisbahn ständig seine Richtung wechselt und dadurch nach den Gesetzen der klassischen Elektrodynamik ein oszillierendes elektrisches Feld aufbaut. Innerhalb kürzester Zeit würde es seine Energie als elektromagnetische Strahlung abgeben und auf einer Spiralbahn in den Atomkern stürzen. Als Ergebnis würde alle Materie aus Neutronenansammlungen ohne elektrische Ladung und ohne Elektronenhülle bestehen. Weil die Welt zum Glück nicht so aussieht, können unsere Berechnungen, die für ein makroskopisches System vollkommend zutreffend wären, im Mikrokosmos der Atome nicht gelten. Offensichtlich folgen Atome und Elektronen anderen Gesetzen als den Lehrsätzen der klassischen Physik.

4.2 Bohr schafft Postulate ohne Begründung

Um den endgültigen Kollaps der Materie auch theoretisch zu vermeiden, führte der dänische Physiker Niels Bohr einen Satz von Regeln ein, an die sich Elektronen halten müssen. Bohr vermochte nicht, diese Forderungen herzuleiten oder auf der Basis anderer physikalischer Gesetze zu begründen. Ihm reichte zunächst, dass seine **Bohr'schen Postulate** die Elektronen davon abhielten, sich in das Verderben zu stürzen. Die Frage, warum die Elektronen solche recht willkürlichen Bedingungen erfüllen sollten, konnte er nicht beantworten.

Tipler
Abschnitte *34.1 Das Atom und die Atomspektren* sowie *34.2 Das Bohr'sche Modell des Wasserstoffatoms* und Beispiel 34.2

- Das **erste Bohr'sche Postulat** erlaubt dem Elektron, sich auf bestimmten kreisförmigen Umlaufbahnen (den stationären Zuständen) um den Kern zu bewegen, ohne dabei Energie abzustrahlen. Zu jeder dieser Bahnen gehört ein fester Energiezustand.
- Das **zweite Bohr'sche Postulat** ermöglicht es dem Elektron, zwischen stationären Zuständen zu wechseln, indem es Energie in Form eines Photons aufnimmt oder abstrahlt. Eine Mittelposition zwischen zwei stationären Zuständen oder ein kontinuierlicher Übergang sind nicht erlaubt.
- Das **dritte Bohr'sche Postulat** gehörte für Bohr später nicht mehr zu seinen Postulaten dazu. Ursprünglich wollte er damit die Verbindung zur klassischen Physik erhalten und legte fest, dass der Bahndrehimpuls L des Elektrons ein ganzzahliges Vielfaches des reduzierten Planck'schen Wirkungsquantum sein muss:

$$L = m\, v_n\, r_n = \frac{n\, h}{2\,\pi} = n\, \hbar \tag{4.5}$$

Im Widerspruch zur klassischen Physik strahlen Bohrs Elektronen trotz ihrer Kreisbahnen keine Energie ab, und sie verändern ihre Bahnen sprunghaft statt stetig.

Wenden wir die Postulate auf die Gleichungen zur Coulomb'schen Anziehung, zum Drehimpuls und zu den Newton'schen Axiomen an, ergibt sich das **Bohr'sche Atommodell** für Atome mit einem einzelnen Elektron. Es reicht, wenn wir die Herleitungen der folgenden Gleichungen im Tipler nachvollziehen und uns hier auf die zentralen Aussagen konzentrieren.

Danach hängen die **Radien der Bohr'schen Elektronenbahnen** von einer ganzen Zahl n ab, die uns später als Hauptquantenzahl erneut begegnen wird:

$$r_n = n^2\,(4\,\pi\,\varepsilon_0)\,\frac{\hbar^2}{m\,Z\,e^2} = n^2 \cdot \frac{a_0}{Z} \tag{4.6}$$

Für die innerste Bahn im Wasserstoffatom mit $n = 1$, $e = -1$, $Z = 1$ und der Elektronenmasse m bekommen wir den **ersten Bohr'schen Radius** a_0, der auch für alle weiteren stationären Zustände die wichtigsten Komponenten zusammenfasst:

$$a_0 = (4\,\pi\,\varepsilon_0)\,\frac{\hbar^2}{m\,e^2} = \frac{\varepsilon_0\,h^2}{\pi\,m\,e^2} = 0{,}0529\ \mathrm{nm} \tag{4.7}$$

4.3 Bohrschen Postulate ohne Begründung

An Gleichung 4.6 können wir erkennen, dass der Abstand zum Kern nach außen hin quadratisch ansteigt und die Entfernungen zwischen den stationären Zuständen deshalb immer größer wird. Je höher die Ordnungszahl Z liegt, desto enger verlaufen die Bahnen jedoch.

Setzen wir die Bahnradien aus Gleichung 4.6 in Gleichung 4.4 ein, können wir eine Formel für die **Energieniveaus des Wasserstoffatoms** herleiten:

$$E_n = -Z^2 \frac{E_0}{n^2} \tag{4.8}$$

Erneut sammeln wir mit E_0 alle Konstanten ein, die zusammen das Energieniveau der innersten Bahn um den Kern ($n = 1$) angeben:

$$E_0 = \frac{1}{(4\,\pi\,\varepsilon_0)^2} \frac{m\,e^4}{2\,\hbar^2} = 13{,}6\,\text{eV} \tag{4.9}$$

Nach Gleichung 4.8 nimmt die Energie mit steigender Quantenzahl n quadratisch ab. Je weiter außen sich ein Elektron befindet, desto geringer ist folglich seine Energie, bis sie bei einem „unendlichen" Abstand (einem „freien" Elektron) gleich null ist. In einem **Termschema**, wie es in Abbildung 34.4 im Tipler gezeigt ist, sind die Energieniveaus und die Abstände zwischen ihnen grafisch dargestellt. Die zugehörigen Energien haben negative Werte, die der Energie entsprechen, die ein freies Elektron abstrahlen würde, wenn es sich vom Atomkern einfangen ließe und auf die jeweilige Bahn fallen würde. Umgekehrt müssten wir diese Energie aufbringen, um das Elektron aus dem Atom herauszulösen. Weil danach ein elektrisch geladenes Ion zurückbliebe, sprechen wir von der **Ionisierungsenergie**.

Die Übergänge innerhalb des Atoms sind mit geringeren Energiesprüngen verbunden. Weil keine Zwischenstufen erlaubt sind, muss das Elektron für den Wechsel von einem Energieniveau E_A auf ein anderes Niveau E_E exakt die passende Energiemenge aufnehmen oder abgeben. Dazu absorbiert bzw. emittiert es ein Photon mit der richtigen Frequenz ν oder Wellenlänge λ:

$$\nu = \frac{|E_A - E_E|}{h} \tag{4.10}$$

$$\lambda = \frac{h\,c}{|E_A - E_E|} \tag{4.11}$$

Die Photonen, die diese Bedingung erfüllen, entsprechen genau den Farben im **Linienspektrum des Wasserstoffs**. Wenn wir nachrechnen, stellen wir fest, dass die Linien im sichtbaren Teil des Spektrums energetisch zu Übergängen passen, die von der zweiten Bahn von innen ($n = 2$) starten oder dort enden. So entspricht die rote Linie im Emissionsspektrum in Abbildung 34.1a im Tipler dem Übergang eines Elektrons von der dritten ($n = 3$) auf die zweite Bahn, die blaue dem Quantensprung von $n = 4$ auf $n = 2$ und die violetten Linien $n = 5$ auf $n = 2$ bzw. $n = 6$ auf $n = 2$. Wir bezeichnen diese Gruppe von Spektrallinien nach ihrem Entdecker als Balmer-Serie. Später fanden andere Wissenschaftler weitere Liniengruppen:

- Lyman-Serie: Als unteres Energieniveau ist die innerste Bahn mit $n = 1$ beteiligt. Die Sprünge sind so groß, dass nur Photonen aus dem ultravioletten Bereich des Spektrums ausreichend Energie mitbringen.
- Balmer-Serie: Das untere Energieniveau von $n = 2$ ergibt Übergänge im sichtbaren Bereich des Lichts.
- Paschen-Serie: Mit der Untergrenze von $n = 3$ beginnen die Serien aus dem Infrarotteil des Spektrums.
- Brackett-Serie: Das niedrigste Niveau ist $n = 4$.
- Pfund-Serie: Die Untergrenze liegt bei $n = 5$.

Damit kann das Bohr'sche Atommodell erfolgreich erklären, warum die Spektren der Elemente nur dünne Linien zeigen anstelle kontinuierlicher Verläufe und wieso diese Linien bei den jeweiligen Wellenlängen zu finden sind. Gleichzeitig sind die **Schwächen des Bohr'schen Atommodells** so gravierend, dass es auf Dauer keine befriedigende Beschreibung des Atoms erlaubt:

- Es begründet nicht, warum nur bestimmte Radien und Energieniveaus erlaubt sind.
- Es liefert keine Erklärung für das Fehlen einer Strahlung, obwohl sich das Elektron auf einer Kreisbahn bewegt.
- Es liefert lediglich für das Wasserstoffatom (und Ionen mit nur einem Elektron) exakte Lösungen. Auf größere Atome lässt es sich nur näherungsweise übertragen.
- Mit den postulierten Kreisbahnen wäre das Atom eine flache Scheibe.

Erst die Entdeckung, dass Elektronen auch Welleneigenschaften haben, und die darauf basierende Schrödinger-Gleichung ermöglichten ein besseres Bild vom Aufbau des Atoms.

4.3 Die Schrödinger-Gleichung liefert Räume mit drei Quantenzahlen

Im Abschnitt 3.4 haben wir die zeitunabhängige Schrödinger-Gleichung kennengelernt, mit der wir die räumliche Verteilung der Materiewelle eines Elektrons in einem Atom beschreiben können:

Tipler
Abschnitt *34.3 Quantentheorie der Atome*

$$-\frac{\hbar}{2\,m}\left(\frac{\mathrm{d}^2\psi}{\mathrm{d}x^2}+\frac{\mathrm{d}^2\psi}{\mathrm{d}y^2}+\frac{\mathrm{d}^2\psi}{\mathrm{d}z^2}\right)+E_{\mathrm{pot}}(x,\,y,\,z)\,\psi(x)=E\,\psi \qquad (4.12)$$

Bevor sich Physiker an diese Aufgabe wagen, erleichtern sie sich die Arbeit durch ein paar mathematische Kunstgriffe:

- Umwandlung in Polarkoordinaten. In Gleichung 4.12 ist jeder Punkt im Raum durch seine Koordinaten in x-, y- und z-Richtung festgelegt. Bei einem Atom, bei dem der Kern in der Mitte von Elektronen umgeben ist, fallen die Rechnungen aber weniger kompliziert aus, wenn wir die Punkte im Raum auf eine andere Weise lokalisieren. Dazu geben wir, wie in Abbildung 34.5 im Tipler gezeigt, für jeden Punkt seinen Abstand r vom Kern an sowie den Winkel ϕ, den wir seitlich einschlagen müssen (den Azimutwinkel), und den Winkel θ, den wir für die richtige Höhe benötigen (den Polarwinkel). Diese **Polarkoordinaten** hängen mit den kartesischen Koordinaten x, y, und z zusammen und lassen sich ineinander umrechnen:

  $$x = r\,\sin\theta\,\cos\phi$$
  $$y = r\,\sin\theta\,\sin\phi$$
  $$z = r\,\cos\theta$$

  Wenn wir die Schrödinger-Gleichung in Polarkoordinaten umschreiben, erhalten wir auch Wellenfunktionen in diesen Koordinaten:

  $$\psi(x, y, z) \longrightarrow \psi(r, \theta, \phi)$$

- Trennung der Variablen. Der nächste Trick besteht darin, die Wellenfunktion $\psi(r, \theta, \phi)$ in drei neue Funktionen $R(r)$, $f(\theta)$ und $g(\phi)$ zu zerlegen, die jeweils nur von einer einzigen Variablen abhängig sind und miteinander multipliziert wieder die vollständige Wellenfunktion ergeben.

  $$\psi(x, y, z) \longrightarrow \psi(r, \theta, \phi) = R(r)\,f(\theta)\,g(\phi)$$

Nur in der sogenannten Radialgleichung $R(r)$ kommt ein Term mit der potenziellen Energie des Elektrons E_{pot} vor. Daran sehen wir, dass nur der Abstand, aber nicht die Winkel die potenzielle Energie des Elektrons bestimmen.

Wir verzichten darauf, die Wellenfunktionen in Polarkoordinaten zu suchen und zu analysieren. Für unsere Zwecke genügt es, wenn wir uns die Resultate der Rechnungen ansehen.

Jede modifizierte Wellenfunktion hängt von drei **Quantenzahlen** ab, die jeweils mit einer der Variablen assoziiert ist:

- Die **Hauptquantenzahl** n bestimmt den Radialanteil $R(r)$ und damit die Wahrscheinlichkeit, das Elektron in einem bestimmten Abstand zum Kern anzutreffen. Sie nimmt als Wert ganze Zahlen ab 1 an:

  $n = 1, 2, 3, \cdots.$

  In der Chemie bezeichnen wir die Hauptquantenzahl manchmal auch als „Schale" und versehen sie mit einem Großbuchstaben: K für $n = 1$, L für „n=2", M für $n = 3$ usw.
- Die **Drehimpulsquantenzahl** oder **Bahndrehimpulsquantenzahl** l ist mit dem Winkel θ assoziiert. Sie legt den Bahndrehimpuls L des Elektrons fest:

  $$|\boldsymbol{L}| = \sqrt{l(l+1)} \cdot \hbar \qquad (4.13)$$

  Für jede Hauptquantenzahl n gibt es n unterschiedliche Drehimpulsquantenzahlen, deren Nummerierung bei 0 startet und bis $n - 1$ reicht:

  $l = 0, 1, 2, 3, \cdots, n - 1$

  Im Atom verleiht die Drehimpulsquantenzahl dem Orbital genannten Raumbereich, in dem sich ein Elektron aufhalten darf, eine charakteristische Form, die wir in der Chemie mit den Kleinbuchstaben s, p, d und f kennzeichnen.
- Die **magnetische Quantenzahl** m_l ist der Partner zum Winkel ϕ. Sie bestimmt die räumliche Ausrichtung des Drehimpulses und damit des Orbitals. Ihre Werte reichen von $-l$ bis $+l$:

  $m_l = -l, (-l + 1), \cdots, 0, \cdots, (l - 1), l$

Alle Quantenzahlen können nur diskrete Werte annehmen, damit die Materiewelle eine zeitlich konstante stehende Welle wird. Alle anderen Wellenformen, die mit Zwischenwerten entstehen könnten, löschen sich selbst aus. Die willkürlichen Postulate, die Bohr noch bei seinem Atommodell vorgeben musste, ergeben sich bei einem Modell auf Basis der Schrödinger-Gleichung also von selbst.

4.4 Die Hauptquantenzahl bestimmt die Energieniveaus des Wasserstoffs

Wir wenden nun die Quantenzahlen auf das Wasserstoffatom an. Es besitzt nur ein einziges Elektron, sodass wir lediglich die Wechselwirkungen zwischen diesem Elektron und dem Kern berücksichtigen müssen, aber keine Einflüsse eines weiteren Elektrons, das sich im gleichen Atom befindet.

Tipler
Abschnitt *34.4 Quantentheorie des Wasserstoffatoms*

Für die **Energieniveaus des Wasserstoffatoms** ergibt sich aus der Wellenfunktion die gleiche Formel wie aus dem Bohr'schen Atommodell (Gleichung 4.8):

$$E_n = -Z^2 \frac{E_0}{n^2} \qquad (4.14)$$

Auch hier ist E_0 die niedrigste Energiestufe, der sogenannte Grundzustand, in dem $n = 1$, $l = 1$ und $m_l = 0$ sind:

$$E_0 = \frac{1}{(4\,\pi\,\varepsilon_0)^2}\,\frac{m\,e^4}{2\,\hbar^2} = 13{,}6\,\text{eV} \tag{4.15}$$

Weil E_n die Energie bezeichnet, mit welcher das Elektron an den Atomkern gebunden ist, sprechen wir von *gebundenen Zuständen*.

Beim Wasserstoffatom hängt die Energie E_n einzig und allein von der Hauptquantenzahl n ab. Die Drehimpulsquantenzahl l wirkt sich nicht aus, und auch die magnetische Quantenzahl m_l hat keine Bedeutung für die Energie. Zustände, die den gleichen Energiewert haben, nennen wir *entartet*.

Unter bestimmten Bedingungen beeinflussen diese beiden Quantenzahlen aber doch die Lage der Energieniveaus:

- Die Drehimpulsquantenzahl l fließt in die Rechnung ein, wenn das Atom mehr als ein Elektron besitzt. Je höher l ist, desto größer ist die Energie. Für die Reihenfolge in Richtung aufsteigender Energie gilt darum:
  $E_{l=0}$ (s-Orbital) < $E_{l=1}$ (p-Orbital) < $E_{l=2}$ (d-Orbital) < $E_{l=3}$ (f-Orbital)
- Die magnetische Quantenzahl m_l tritt dann in Erscheinung, wenn sich das Atom in einem äußeren Magnetfeld befindet und sich dadurch die Achse parallel zu den Feldlinien von den anderen Richtungen unterscheidet.

Wir können die Lage der Energieniveaus wieder mit einem **Termschema** (manchmal auch nach seinem Erfinder **Grotrian-Diagramm** genannt) grafisch darstellen, wie in Abbildung 34.7 im Tipler. Bei den „Termen" handelt es sich um die verschiedenen Energiezustände. Jeder Term wird durch einen waagerechten Strich symbolisiert. Dabei werden die Energiezustände nach der **Termsymbolik** mit unterschiedlichen Drehimpulsquantenzahlen l nebeneinander angeordnet und mit einem Buchstaben gekennzeichnet. Der Buchstabe wird klein geschrieben, wenn es um den Bahndrehimpuls eines einzelnen Elektrons geht (dann entsprecht er einem Orbitaltyp), ist der Bahndrehimpuls des gesamten Atoms gemeint, nutzen wir Großbuchstaben:

- $l = 0$: S für *sharp*.
- $l = 1$: P für *principal*.
- $l = 2$: D für *diffuse*.
- $l = 3$: F für *fundamental*.

Die Namen gehen auf Eigenschaften der Spektrallinien zurück, die mit den zugehörigen Energieniveaus verknüpft sind.

Für den **Übergang von einem Energiezustand in einen anderen** muss das Elektron ebenso wie im Bohr'schen Atommodell ein Photon mit der passenden Energie absorbieren oder emittieren:

$$\Delta E = h\,\nu \tag{4.16}$$

Außerdem muss es aber wegen der Drehimpulserhaltung die **Auswahlregeln** beachten. Seine Drehimpulsquantenzahl l muss um 1 steigen oder fallen und die magnetische Quantenzahl m_l wird ebenfalls um 1 größer oder kleiner oder bleibt gleich:

$$\Delta l = -1,\ +1 \tag{4.17}$$

$$\Delta m_l = -1,\ 0,\ +1 \tag{4.18}$$

Wegen dieser Auswahlregeln verlaufen die Linien für die Übergänge in Abbildung 34.7 im Tipler schräg. Das Elektron des Wasserstoffatoms darf also nicht aus dem 1s-Orbital in das 2s-Orbital springen (dann wäre $\Delta l = 0$), sondern muss in das 2p-Orbital wechseln.

Von dort kann es zurück in das 1s-Orbital oder weiter in eines der höheren s-Orbitale oder d-Orbitale. Ein seitlicher Wechsel von 2p in 2s ist ebenso verboten wie der gerade Aufstieg in eines der höheren p-Orbitale.

4.5 Orbitale schaffen Aufenthaltsräume für Elektronen

Tipler
Abschnitt *34.4 Quantentheorie des Wasserstoffatoms*

Neben den Energiezuständen verraten uns die Quantenzahlen auch die räumliche Verteilung der Materiewellen, die das Elektron darstellen. Dafür benötigen wir für alle erlaubten Kombinationen von Quantenzahlen die zugehörigen Wellenfunktionen ψ. Deren Betrag zum Quadrat liefert uns die Wahrscheinlichkeitsdichte, die wir anschließend mit den einzelnen Volumenelementen im Raum multiplizieren müssen, um die Wahrscheinlichkeit zu bestimmen, mit welcher wir das Elektron in dem betreffenden Volumen antreffen. Abbildung 34.8 im Tipler zeigt uns, wie ein solches Volumenelement in Polarkoordinaten aussieht.

Im **Grundzustand**, wenn das einzige Elektron des Wasserstoffatoms die Quantenzahlen $n = 1, l = 0$ und $m_l = 0$ und damit die Wellenfunktion $\psi_{1,0,0}$ aufweist, bekommen wir als normierte Wellenfunktion:

$$\psi_{1,0,0} = \frac{1}{\sqrt{\pi}} \left(\frac{Z}{a_0}\right)^{3/2} \mathrm{e}^{-Z\,r/a_0} \tag{4.19}$$

Wir nennen diese Wellenfunktion auch **Atomorbital** oder kurz **Orbital**.

Wir sehen, dass die Wahrscheinlichkeit, das Elektron als Teilchen anzutreffen, nur vom Abstand r zum Kern abhängt. Sie verläuft somit kugelförmig. Weil das Volumen einer Kugelschale der Dicke dr durch $4\,\pi\,r^2\,\mathrm{d}r$ gegeben ist, gilt für die **radiale Wahrscheinlichkeitsdichte** $P(r)$:

$$P(r) = 4\,\pi\,r^2\,|\psi|^2 \tag{4.20}$$

Kombinieren wir die beiden Gleichungen, erhalten wir für die Wahrscheinlichkeitsdichte beim Wasserstoff im Grundzustand:

$$P(r) = 4 \left(\frac{Z}{a_0}\right)^3 r^2\,\mathrm{e}^{-2\,Z\,r/a_0} \tag{4.21}$$

Abbildung 34.9 im Tipler gibt uns einen Eindruck davon, wie die Wahrscheinlichkeitsdichte aussieht, wenn wir sie am Computer in unterschiedlich hell leuchtende Punkte umsetzen. Sie erscheint wie eine nach außen diffus auslaufende Kugel. Der Kurvenverlauf in Abbildung 34.10 im Tipler zeigt an, dass die Dichte im Kern bei null liegt, sehr steil auf ein Maximum zusteuert und dann exponentiell abfällt. Das Maximum befindet sich beim ersten Bohr'schen Radius a_0. In diesem Abstand haben wir die größten Chancen, das Elektron anzutreffen. Im Gegensatz zum Bohr'schen Atommodell, bei dem das Elektron ausschließlich bei exakt diesem Radius seine Bahn ziehen durfte, erlaubt ihm das Quantenmodell, sich praktisch überall aufzuhalten, denn die Wahrscheinlichkeitsdichte erreicht auch bei großen Abständen niemals ganz die Nulllinie. Allerdings nimmt die Wahrscheinlichkeit mit der Entfernung sehr schnell ab.

In den angeregten Zuständen, in denen das Elektron Orbitale mit höheren Hauptquantenzahlen $n \geq 2$ erreicht, steht ihm mehr als ein Orbital zur Verfügung, da nun auch die Drehimpulsquantenzahl und die magnetische Quantenzahl Werte ungleich null einnehmen können. Im **ersten angeregten Zustand** sind dies:

- $\psi_{2,0,0}$ ($n = 2,\ l = 0,\ m_l = 0$): Das Orbital ist erneut kugelsymmetrisch. Die Wahrscheinlichkeitsdichte hat ein kleines lokales Maximum beim ersten Bohr'schen Radius

2.5 Orbitale schaffen Aufenthaltsräume für Elektronen

$r = a_0$, aber ein viel größeres Maximum im Bereich zwischen dem Fünf- und Sechsfachen von a_0 (Abbildungen 34.11a und 34.12 im Tipler). Auf der zweiten Schale rückt das Elektron im s-Orbital also deutlich vom Atomkern weg.

- $\psi_{2,1,0}$ ($n = 2, l = 1, m_l = 0$) und $\psi_{2,1,1}$ ($n = 2, l = 1, m_l = \pm 1$): Wenn die Drehimpulsquantenzahl l einen anderen Wert als null annimmt, ist das Orbital nicht mehr kugelsymmetrisch. Seine Form hängt von l ab. Bei $l = 1$ erstreckt sich jedes der Orbitale entlang einer Achse des Koordinatensystems auf beiden Seiten des Kerns (Abbildungen 34.11b und c im Tipler). Seine Wahrscheinlichkeitsdichte teilt sich also in zwei Bereiche auf, die zusammen (!) das Orbital bilden. Die Maxima liegen in einem Abstand von $n^2 a_0$, im ersten angeregten Zustand also bei $4\,a_0$. Die Übereinstimmung mit dem Bohr'schen Atommodell ist allgemein für diejenigen Orbitale mit dem höchsten Wert für die Drehimpulsquantenzahl am besten.

  An welcher Achse sich die Orbitale orientieren, gibt die magnetische Quantenzahl m_l vor. Für $m_l = 0$ erstreckt es sich entlang der z-Achse (Abbildung 34.11b im Tipler), bei $m_l = \pm 1$ liegt es auf der x- bzw. y-Achse (Abbildung 34.11c im Tipler).

Tabelle 4.1 fasst die Bedeutung der Quantenzahlen zusammen.

Tab. 4.1 Die Quantenzahlen im Überblick

Bezeichnung	Symbol	Wertebereich	Bedeutung
Hauptquantenzahl	n	$1, 2, 3, \cdots$	Hauptschale
(Bahn-)Drehimpulsquantenzahl	l	$0, 1, 2, \cdots, (n-1)$	Orbitalform
magnetische Quantenzahl	m_l	$-l, (-l+1), \cdots, -1,$ $0, 1, \cdots, (l-1), l$	Raumrichtung
Spinquantenzahl	m_s	$-1/2, +1/2$	Spin des Elektrons

4.6 Elektronen haben einen Spin

Tipler
Abschnitt *34.5 Spin-Bahn-Kopplung und Feinstruktur*

In Tabelle 4.1 finden wir zusätzlich zu den Quantenzahlen, die wir bisher behandelt haben, die **Spinquantenzahl** m_s. Sie macht sich unter normalen Umständen nicht bemerkbar. Nur, wenn sich das Atom in einem äußeren Magnetfeld befindet, sorgt die Spinquantenzahl dafür, dass sich sonst entartete Energieniveaus in Terme mit leicht unterschiedlichen Energien aufspalten.

Der Grund liegt in den **magnetischen Momenten des Elektrons** selbst:

- Der Bahndrehimpuls resultiert in klassischer Betrachtung aus der Kreisbewegung des Elektrons um den Atomkern. Da das Elektron elektrisch negativ geladen ist, erzeugt es dabei ein Magnetfeld. Sein magnetisches Moment $\boldsymbol{\mu}_l$ auf dieser Wanderung beträgt:

$$\boldsymbol{\mu}_l = -\mu_{\text{Bohr}} \frac{\boldsymbol{L}}{\hbar} \quad (4.22)$$

  Darin ist $\boldsymbol{L}$ der Bahndrehimpulsvektor und μ_{Bohr} das Bohr'sche Magneton, in dem einige Konstanten und die Masse des Elektrons m_e zusammengefasst sind:

$$\mu_{\text{Bohr}} = \frac{e\,\hbar}{2\,m_e} = 5{,}79 \cdot 10^{-5}\ \text{eV/T} \quad (4.23)$$

- Der Spindrehimpuls des Elektrons ist eine besondere quantenphysikalische Eigenschaft des Elektrons, für das es keine Entsprechung in der makroskopischen Welt gibt. Um wenigstens ein behelfsmäßiges Modell zu haben, stellen wir uns vor, der

Spindrehimpuls würde die Rotation des Elektrons um seine Achse beschreiben. Auch daraus ergibt sich ein magnetisches Moment:

$$\boldsymbol{\mu}_s = -2\,\mu_{\mathrm{Bohr}}\,\frac{\boldsymbol{S}}{\hbar} \tag{4.24}$$

S ist der Spindrehimpulsvektor.

An den Gleichungen für die magnetischen Momente sehen wir, dass sie weitgehend von den **Drehimpulsen des Elektrons** abhängen. Anders als klassische Drehimpulse dürfen diese jedoch nicht beliebige Werte annehmen, sondern sind gequantelt. Vom Bahndrehimpuls mit der Quantenzahl l wissen wir schon, dass nur ganze Zahlwerte von 0 bis $(n - 1)$ erlaubt sind. Beim Spindrehimpuls mit der Quantenzahl m_s sind nur $+1/2$ und $-1/2$ möglich. Der Gesamtdrehimpuls $\boldsymbol{J}$ des Elektrons als die Summe der beiden einzelnen Drehimpulse ist deshalb ebenfalls gequantelt und wir können ihm die Quantenzahl j zuweisen. Er kann unterschiedlich ausfallen:

- Für $l = 0$ fällt der Bahndrehimpuls weg, und der gesamte Drehimpuls hängt nur vom Spindrehimpuls ab: $j = m_s = +1/2$.
- Für Orbitale mit $l = 1$ gibt es zwei Möglichkeiten:
  - Drehimpuls und Spindrehimpuls sind parallel und addieren sich: $j = l + m_s = 3/2$.
  - Drehimpuls und Spindrehimpuls sind antiparallel und wirken einander entgegen: $j = l - m_s = 1/2$.

  Abbildung 34.13 im Tipler stellt beide Varianten graphisch dar.

Das unterschiedliche Zusammenwirken von Bahndrehimpuls und Spindrehimpuls bewirkt, dass die beiden Zustände leicht verschiedene Energiewerte besitzen, weil die magnetischen Momente parallel oder antiparallel zueinander sind wie in Abbildung 34.14 im Tipler schematisch gezeigt. Wir bezeichnen den Effekt als **Spin-Bahn-Kopplung**. In Anwesenheit eines äußeren Magnetfelds splittet er das Energieniveau des 2p-Orbitals in ein leicht höher liegendes $2p_{3/2}$-Niveau und ein etwas niedrigeres $2p_{1/2}$-Niveau (Abbildung 34.15 im Tipler). Der kleine Unterschied bewirkt, dass die Übergänge vom und zum 1s-Orbital etwas abweichende Energien und damit Photonen benötigen. Im Spektrum werden dadurch aus einer einzelnen Bande zwei eng beieinander liegende Banden, was als **Feinstrukturaufspaltung** bezeichnet wird.

Mit der Spinquantenzahl ist unser Satz an Quantenzahlen komplett, um uns nun Atomen mit mehr als einem Elektron zuzuwenden. Die Aussagen, die wir zum Bau des Wasserstoffatoms gewonnen haben, treffen bei ihnen jedoch nicht exakt, sondern nur näherungsweise zu.

4.7 Näherungen für Atome mit mehr als zwei Elektronen

Tipler
Abschnitt *34.6 Das Periodensystem der Elemente* sowie Beispiel 34.6 und 34.7

Das Problem beim **Lösen der Schrödinger-Gleichung für Atome mit mehreren Elektronen** besteht darin, dass die Elektronen sich gegenseitig beeinflussen und damit analytische Lösungen wie beim Wasserstoffatom verhindern. Um dennoch verwertbare Wellenfunktionen zu erhalten, gehen Physiker bei der Berechnung in drei Schritten vor: Zunächst nehmen sie an, dass die Elektronen sich gegenseitig nicht beachten. Mit den resultierenden Wellenfunktionen wird nun ermittelt, wie die Elektronen einander doch stören, und schließlich werden die Wellenfunktionen mit diesen Erkenntnissen verbessert.

Auf diese Weise ergeben sich für alle Elektronen stationäre Zustände, die durch die vier Quantenzahlen n, l, m_l und m_s gekennzeichnet sind. Jedes Elektron hat dabei seine ganz

individuelle Werte-Kombination. Nach dem **Pauli-Verbot** oder **Pauli'schen Ausschließungsprinzip** dürfen in einem Atom keine zwei Elektronen in allen vier Quantenzahlen übereinstimmen. Zusammen ergeben die stationären Zustände der Elektronen eines Atoms dessen **Elektronenkonfiguration**.

Die **Energie eines Elektrons** hängt im Wesentlichen von der Hauptquantenzahl n ab, in Mehrelektronenatomen aber auch ein wenig von der Drehimpulsquantenzahl l, in welcher sich die Wechselwirkung der Elektronen untereinander bemerkbar macht. Bei beiden Quantenzahlen ist die Energie umso geringer, je niedriger die Quantenzahl ist. Grundsätzlich versuchen Elektronen immer, die untersten Energieniveaus zu besetzen.

Aus diesen Regeln ergibt sich die Reihenfolge, mit welcher Elektronen die Orbitale eines Atoms besetzen (Tabelle 34.1 im Tipler). Beim **Helium** mit seinen zwei Elektronen ($Z = 2$) beziehen beide Elektronen die K-Schale mit der Hauptquantenzahl $n = 1$, weil diese die niedrigste Energie aufweist. Auf ihr haben die Elektronen keinen Bahndrehimpuls ($l = 0$), und das kugelförmige s-Orbital kennt auch keine verschiedenen Raumrichtungen, sodass auch die magnetische Quantenzahl m_l gleich null ist. Um dem Pauli'schen Ausschließungsprinzip zu genügen, müssen die beiden Elektronen sich deshalb in der Spinquantenzahl m_s unterscheiden: Das eine Elektron hat $m_s = +1/2$, das andere $m_s = -1/2$. Da die Spins einander entgegengesetzt sind, heben sie sich auf, und der Gesamtspin der Elektronen ist gleich null.

Die Elektronenkonfiguration des Heliumatoms lautet somit: $1s^2$. Darin steht die 1 für die Hauptquantenzahl, das s für die Drehimpulsquantenzahl $l = 0$ und die hochgestellte 2 gibt die Zahl der Elektronen in dem betreffenden Orbital an. Das 1s-Orbital ist damit voll besetzt. Die **erste Ionisierungsenergie**, um ein Elektron aus dem Atom zu lösen, liegt bei 24,6 eV.

Die zusätzlichen Elektronen bei den schwereren Elementen haben ihren Aufenthaltsschwerpunkt zunehmend in größerer Entfernung vom Atomkern. Außerdem schirmen die inneren Elektronen dessen positive Ladung teilweise ab. Beide Effekte schwächen die Anziehungskraft. Gleichzeitig hat die Wellenfunktion aber häufig einen Anteil, der sogar dichter am Kern liegt als die inneren Elektronen, was die Anziehung verstärkt. Der Effekt ist umso größer, je mehr sich die Aufenthaltswahrscheinlichkeiten durchdringen. Unter dem Strich ergibt sich daraus eine **effektive Kernladung** $Z'\,e$, die angibt, welche Ladung das Elektron tatsächlich im Mittel „spürt". In den Gleichungen zur Energie eines Elektrons müssen wir anstelle der nominellen Kernladung Z diese effektive Kernladung Z' einsetzen:

$$E = -\frac{1}{2}\,\frac{1}{4\pi\varepsilon_0}\,\frac{Z'\,e^2}{r} \tag{4.25}$$

Weil die Durchdringung der s-Orbitale stärker ist als bei den p-Orbitalen, liegt die effektive Kernladung für s-Elektronen höher, und ihre Energie ist nach Gleichung 4.25 negativer. Das Energieniveau der s-Orbitale ist deshalb niedriger als jenes der p-Orbitale, und Elektronen besetzen in der Regel zuerst das s-Orbital, bevor sie die p-Orbitale bevölkern. Das Element Lithium verteilt seine drei Elektronen daher in der Elektronenkonfiguration $1s^2\,2s$. Beryllium macht mit $1s^2 2s^2$ das s-Orbital auf der L-Schale ($n = 2$) voll, bevor die Elemente Bor ($Z = 5$) bis Neon ($Z = 10$) die 2p-Orbitale auffüllen.

Beim **Belegen der p-Orbitale** wirkt sich zum ersten Mal die magnetische Quantenzahl m_l aus. Nach der **Hund'schen Regel** erhält jedes der drei p-Orbitale zunächst ein Elektron, bevor das nächste Elektron mit entgegengesetztem Spin als zweites Elektron hinzukommen darf.

Eine unerwartete Wendung nimmt die Verteilung der Elektronen ab der vierten Periode bei den **Nebengruppenelementen** oder **Übergangsmetallen**. Außer dem einen s- ($l = 0$) und drei p-Orbitalen ($l = 1$) verfügt jedes Atom inzwischen auch noch über fünf

d-Orbitale ($l = 2$). Wir sollten erwarten, dass das 19. Elektron in das 3d-Orbital des Kaliums wandert. Stattdessen finden wir es im 4s-Orbital, und auch das 20. Elektron des Calciums belegt das 4s-Orbital, das damit voll wird. Erst vom 21. Elektron im Scandium ab werden die 3d-Orbitale besetzt. Die Ursache für diesen scheinbaren Regelbruch liegt erneut in der Durchdringung der Aufenthaltswahrscheinlichkeiten. Das 4s-Orbital hat so viele Anteile in Kernnähe, dass es energetisch unter dem 3d-Orbital liegt und sich damit gewissermaßen vordrängelt bei der Belegung mit Elektronen. Der Unterschied ist jedoch so gering, dass bei manchen Elemente wie Chrom, die in ihren fünf d-Orbitalen eigentlich vier Elektronen haben müssten, eines der beiden Elektronen aus dem 4s-Orbital in das leere 3d-Orbital springt. Dadurch bekommt das Atom ein halb besetztes 4s-Orbital und fünf halb besetzte 3d-Orbitale. Eine volle Reihe halb besetzter Orbitale ist energetisch besonders günstig, sodass sich der Ausflug des 4s-Elektrons für das Atom lohnt. Das nächste Elektron füllt dann im Mangan die Lücke im 4s-Orbital. Von da an geht es regelmäßig weiter mit neuen 3d-Elektronen, bis das Element Kupfer den gleichen Trick vollführt, um vorzeitig alle 3d-Orbitale voll zu besetzen.

Die **erste Ionisierungsenergie** steigt innerhalb einer Periode mit gleicher Hauptquantenzahl n mit zunehmender Ordnungszahl Z an (Abbildung 34.17 im Tipler). Während sich der Abstand der Elektronen vom Kern nicht auffallend ändert, nimmt dessen elektrische Ladung mit jedem Proton zu, sodass die Bindung der Elektronen immer stärker wird. In den Edelgasen erreicht sie schließlich ihr Maximum. Das nächste Elektron, das hinzukommt, muss in ein s-Orbital der nächsten, weiter außen liegenden Schale und ist daher weniger fest gebunden.

4.8 Atome absorbieren und emittieren Photonen

Tipler
Abschnitt *34.7 Spektren im sichtbaren und im Röntgenbereich*

Wir haben bereits mehrfach erwähnt, dass Elektronen die Energie für den Übergang zwischen zwei Energieniveaus durch Absorption von Photonen beziehen oder durch Emission von Photonen abgeben. Je nachdem, welche Wechselwirkungen zwischen den Elektronen bzw. den Atomen oder Molekülen und dem Photon stattfinden, können wir eine Reihe von Phänomenen unterscheiden:

- Die **Resonanzabsorption** ist die einfachste Art der Absorption. Voraussetzung ist, dass die Energie des Photons genau dem Energieunterschied zwischen zwei Energieniveaus des Atoms entspricht. Das Atom nutzt die absorbierte Energie, um in den angeregten Zustand zu springen (Abbildung 34.18d im Tipler).
- Gibt ein Atom in einem angeregten Zustand irgendwann von selbst ein Photon ab und fällt dadurch in einen energetisch niedrigeren Zustand, sprechen wir von **spontaner Emission** (Abbildung 34.18e im Tipler). Passiert dies an mehreren Atomen gleichzeitig, steigt zwar die Intensität des Lichts, aber weil die Emissionen nicht miteinander gekoppelt sind, verlaufen die Wellen nicht synchron, und das Licht ist nicht kohärent.
- In manchen Fällen springt das Atom bei der spontanen Emission nicht direkt in den Grundzustand zurück, sondern über eine oder mehrere Zwischenstufen, bei denen es einen Teil seiner Energie abgibt, häufig in Form von unsichtbarer Wärmestrahlung. Erst danach wird die restliche Energie als **Fluoreszenz** emittiert. Dieser Prozess verläuft sehr schnell, innerhalb von rund 10^{-8} s, nach menschlichen Maßstäben also sofort. Ist eine der Zwischenstufen jedoch ein **metastabiler Zustand**, verharrt das Atom für einige Millisekunden, Sekunden oder sogar Minuten in dieser Phase und emittiert erst dann ein Photon. Diesen langwierigeren Prozess bezeichnen wir als **Phosphoreszenz**.
- Angeregte Atome können nicht nur spontan Photonen aussenden, sondern auch durch **stimulierte Emission** auf Anregung von außen. Der Anstoß erfolgt von einem Photon, dessen Energie genau der Differenz zwischen dem angeregten Zustand, in

dem sich das Atom bereits befindet, und einem darunter liegenden Energieniveau entspricht. Das Photon veranlasst dann das Atom, seine überschüssige Energie in Form eines zweiten Photons abzugeben (Abbildung 34.18g im Tipler). Da beide Photonen durch diese Entstehungsgeschichte eng miteinander gekoppelt sind, schwingen sie in Phase und sind kohärent.

- Den **photoelektrischen Effekt** haben wir bereits kennengelernt. Das absorbierte Photon bringt so viel Energie mit, dass es damit ein Elektron aus dem Atom herauslöst (Abbildung 34.18f im Tipler).
- Für die **Compton-Streuung** ist noch mehr Energie notwendig. Das einfallende Photon löst nicht nur das Elektron aus dem Atom heraus, sondern es ist noch genug Energie übrig, um zusätzlich ein Photon mit größerer Wellenlänge zu emittieren (Abbildung 34.18h im Tipler).
- Wenn die Energie des Photons dagegen nicht ausreicht, um das Atom aus dem Grundzustand auch nur in einen angeregten Zustand zu versetzen, kann es immer noch über **elastische Streuung** in eine andere Richtung umgelenkt werden (Abbildung 34.18a im Tipler). Seine Wellenlänge bleibt dabei gleich. Ist die Wellenlänge des Lichts viel größer als das Atom, bezeichnen wir den Effekt als **Rayleigh-Streuung**. Sie findet beispielsweise an den Molekülen des Luftsauerstoffs und Luftstickstoffs statt, wenn das Sonnenlicht in die Atmosphäre fällt. Weil die Rayleigh-Streuung proportional zu $1/\lambda^4$ ist, wird blaues Licht stärker gestreut als rotes Licht, und der Himmel erscheint blau.
- Passt die Energie des Photons für den Übergang in einen höheren angeregten Zustand, findet **inelastische Streuung** oder **Raman-Streuung** statt. Das Photon wird absorbiert und ein neues Photon emittiert. Bei der **Stokes-Raman-Streuung** emittiert das Atom jedoch nicht die gesamte aufgenommene Energie, sondern nur einen Teil davon. Dadurch hat das ausgesandte Photon eine größere Wellenlänge (weniger Energie) als das absorbierte Photon. Das Atom bleibt in einem höheren Energiezustand, als es vor dem Prozess war (Abbildung 34.18b im Tipler). Es gibt aber auch den umgekehrten Fall der **Anti-Stokes-Raman-Streuung**, wenn das Atom bereits in einem angeregten Zustand war, als es das eingestrahlte Photon absorbiert hat. Es emittiert danach ein energiereicheres Photon mit kürzerer Wellenlänge und fällt auf ein niedrigeres Energieniveau als den Ausgangszustand herab (Abbildung 34.18c im Tipler).

4.9 Bei optischen Spektren kommt es auf die Elektronenspins an

Tipler
Abschnitt *34.7 Spektren im sichtbaren und im Röntgenbereich*

Die Energien der Photonen, mit denen Atome zum Übergang auf ein andere Energieniveau veranlasst werden können, entsprechen Licht aus dem sichtbaren Bereich des Spektrums oder energiereicherer Röntgenstrahlung.

Für **Spektren im sichtbaren Bereich** wird meist eines der äußeren Elektronen, ein Valenzelektron, in ein höheres Orbital angehoben. Abbildung 34.19 im Tipler zeigt die Übergänge für ein Natriumatom im Termschema. Wir erkennen, dass die Wellenlängen, die jeweils beim zugehörigen Übergang stehen, vom ultravioletten Bereich für große Sprünge bis ins Infrarote für kleine Energieunterschiede reichen.

Für die **Feinstruktur des Spektrums** kommt es wegen der Spin-Bahn-Kopplung auf den Spin des Atoms an. Für alle inneren Orbitale, die vollständig mit Elektronen besetzt sind, heben sich die Spindrehimpulse der Elektronen gegenseitig auf. Entscheidend sind daher die Elektronen in den einfach besetzten Orbitalen. Im Beispiel des Natriumatoms ist dies ein einziges Elektron, das sich im Grundzustand im 3s-Orbital befindet. Das Natrium hat deshalb insgesamt den Spin 1/2. Springt das Elektron in ein höher liegendes p-Orbital, kann sein Spin parallel oder antiparallel zum Bahndrehimpuls stehen, und wir erhalten die beiden möglichen Zustände mit dem Gesamtdrehimpuls $J = L - 1/2$ und $J = L + 1/2$,

deren Energie ganz leicht unterschiedlich ist, was wir als Dublett bezeichnen. Beim Natriumatom macht die Differenz beispielsweise 0,002 eV aus, etwa ein Promille des Energieunterschieds zwischen dem 3s-Orbital und dem 3p-Orbital.

Im Termschema deuten wir die Aufspaltung mit zwei Strichen für die Energieniveaus der p-Orbitale an. In der Schreibweise der Termsymbolik benutzen wir eine etwas komplizierte Codierung:

$$^{2S+1}L_J$$

Darin ist

- $2S + 1$ der gesamte Spindrehimpuls. Er hängt von der Anzahl der ungepaarten Elektronen ab. Jedes von ihnen hat die Spinquantenzahl $m_s = +1/2$ und die Gesamtspin-Quantenzahl S summiert diese einzelnen Spinquantenzahlen auf:

  $$S = \left|\sum_i m_{s_i}\right| \tag{4.26}$$

  Für ein Atom oder Molekül, dessen Elektronen alle paarweise in den Orbitalen stecken, ist $S = 0$ und $2S + 1 = 1$. Wir bezeichnen dies als den Singulett-Zustand. Die Edelgase und die meisten Moleküle befinden sich im Singulett-Zustand. Für Atome und Moleküle mit einem ungepaarten Elektron gilt $S = 1/2$ und $2S + 1 = 2$. Wie oben erwähnt ist dies der Dublett-Zustand, den beispielsweise ein einzelnes Natriumatom, aber auch Molekülradikale wie NO innehaben. Manche Moleküle wie Sauerstoff (O_2) liegen im Grundzustand als Triplett vor, da sie zwei ungepaarte Elektronen haben. Die Gesamtspinquantenzahl ist bei ihnen $S = 1$ und $2S + 1 = 3$.
- L der Bahndrehimpuls, den wir uns als Typ des Orbitals, in dem sich das Elektron befindet, denken können. Anstelle der Kleinbuchstaben *s*, *p*, *d* und *f* werden aber die entsprechenden Großbuchstaben *S*, *P*, *D* und *F* verwendet.
- J der Gesamtdrehimpuls, der durch die möglichen Kombinationen von Spin- und Bahndrehimpuls mit paralleler und antiparalleler Ausrichtung entsteht. Für unser Beispiel mit dem Natriumatom erhalten wir die Möglichkeiten 1/2 und 3/2.

Die **Multiplizität** genannte Unterscheidung zwischen Singulett, Dublett und Triplett wirkt sich auf die Geschwindigkeit der Übergänge der Elektronen aus. Behält das Elektron beim Sprung seine Spinrichtung bei, bleibt die Multiplizität des Atoms erhalten, und der Wechsel kann schnell ablaufen. Wir sprechen von einem „erlaubten" Übergang. Bei einem „verbotenen" Übergang ändert das Elektron seine Spinrichtung und damit die Multiplizität des Atoms. Weil dieses Umklappen des Spins nur selten geschieht, dauert es deutlich länger, bis solch ein Übergang stattfindet. Aus diesem Grund ist die Fluoreszenz mit einem erlaubten Übergang sehr viel schneller als die Phosphoreszenz, bei der ein unerlaubten Übergang notwendig ist.

4.10 Röntgenspektren haben charakteristische Spitzen

Röntgenstrahlung entsteht, wenn schnelle, energiereiche Elektronen auf ein Ziel aus Metall treffen. Dort finden zwei verschiedene Prozesse statt:

Tipler
Abschnitt *34.7 Spektren im sichtbaren und im Röntgenbereich* und Beispiel 34.8

- Ein Teil der schnellen Elektronen wird von den Elektronenhüllen der Metallatome durch die Coulomb'sche Abstoßung stark abgebremst. Die frei werdende Bewegungsenergie geben die Elektronen in Form von Wärme und Röntgenstrahlung ab. Ausgehend von den Maxwell-Gleichungen ergibt sich für diese **Bremsstrahlung** ein breites, kontinuierliches Energiespektrum.

4.10 Röntgenspektren haben charakteristische Spitzen

- Einige der schnellen Elektronen gelangen trotz der Abstoßung tief in die Elektronenhüllen der Atome hinein und schlagen dort mit ihrer Energie innere Elektronen heraus. Es entsteht eine Lücke, in die bald ein Elektron von einer weiter außen liegenden Schale springt. Die Energiedifferenz zwischen seinem Start- und dem Zielniveau gibt es als Röntgenstrahlung mit einem engen Energiebereich ab, was im Spektrum als scharfe Spitze zu erkennen ist. Jede dieser Spitzen steht für einen bestimmten Übergang, dessen Lage charakteristisch für das jeweilige Element ist. Die sogenannten K-Linien entstehen dabei durch Sprünge auf die K-Schale ($n = 1$), Linien der L-Serie von Sprüngen auf die L-Schale ($n = 2$), bei M-Linien ist die M-Schale ($n = 3$) das Ziel usw. An dem Buchstaben jeder Linie steht noch als Index ein griechischer Kleinbuchstabe. α kennzeichnet einen Sprung auf die benachbarte Schale (etwa von $n = 2$ auf $n = 1$), β den Wechsel auf die übernächste Schale (wie $n = 3$ auf $n = 1$) usw.

Das gesamte Röntgenspektrum, wie es in Abbildung 34.20 im Tipler für Molybdän gezeigt ist, entsteht aus der Überlagerung der beiden Teilspektren.

Uns interessieren vor allem die charakteristischen Spitzen der Strahlungsintensität. Da ihre Lage von den Energieniveaus der Elektronenschalen und damit vom Element abhängen, können wir sie zur Analyse einer Probe nutzen. Für die K_α-Linie des Übergangs von $n = 2$ auf $n = 1$ erhalten wir die Wellenlänge λ_K der Strahlung nach:

$$\lambda_K = \frac{h\,c}{(Z-1)^2\,E_0\,\left(1-\frac{1}{2^2}\right)} \qquad (4.27)$$

Darin ist $E_0 = 13{,}6\,\mathrm{eV}$ die Bindungsenergie des Elektrons im Grundzustand des Wasserstoffatoms, das gerne als Vergleichsmaßstab verwendet wird, und Z die Ordnungszahl, über welche wir das Element identifizieren können.

4.11 In Lasern synchronisiert Licht die Quantensprünge

Tipler
Abschnitt *34.8 Laser*

Als Quelle für besonders intensives Licht haben sich Laser etabliert. Ihr Name ist ein Akronym für *Light Amplification by Stimulated Emission of Radiation*. Laserlicht hat besondere Eigenschaften:

- Es ist monochromatisch: Alle Photonen haben die gleiche Wellenlänge.
- Es ist kohärent: Die Lichtwellen schwingen synchron in Phase miteinander.
- Es ist scharf gebündelt: Die Strahlen verlaufen über lange Strecken parallel zueinander.
- Es ist intensiv: Im Laserlicht konzentriert sich hohe Energie auf einer kleinen Fläche.

Die Beschränkung auf einen sehr engen Wellenlängenbereich erreicht der Laser dadurch, dass alle angeregten Elektronen in einen metastabilen Zustand übergehen, aus dem heraus sie ihr Photon emittieren (Abbildung 34.23 im Tipler). Damit möglichst viele Photonen ausgesandt werden und ein intensives Licht ergeben, werden die Atome im Material des Lasers mit **optischem Pumpen** angeregt. Blitzlampen liefern Unmengen von Photonen, die ausreichen, um die Atome in höhere angeregt Zustände zu versetzen, als später für die Emission benötigt werden. Die angehobenen Elektronen rutschen von dort in den oben erwähnten metastabilen Zustand, in dem sie einige Millisekunden verharren können. Der Laser pumpt so viele Elektronen in diese Warteposition, dass mehr Atome angeregt sind, als sich im Grundzustand befinden. Wir bezeichnen dies als **Besetzunginversion**, sozusagen die Umkehr des normalen Zustands, in dem fast alle Atome im energetisch armen Grundzustand vorliegen.

Ein Laserimpuls entsteht, wenn einige Atome spontan ein Photon abgeben und in den Grundzustand zurückkehren. Die Photonen veranlassen über stimulierte Emission andere Atomen dazu, ebenfalls Photonen auszustoßen. Es entsteht eine regelrechte

Lawine von Licht. Sie wird dadurch verstärkt, dass sich an den Stirnseiten des aktiven Mediums Spiegel befinden, von denen die Photonen immer wieder durch das Material geworfen werden. Einer der Spiegel lässt einen kleinen Teil des Lichts durch – es ist dieser Teil, der als Laserstrahl austritt (Abbildung 34.24 im Tipler). Der Rubinlaser ist ein typischer Vertreter der gepulsten Laser. Er nutzt als aktives Medium mit Chromionen versetzten Korund (Al_2O_3) und emittiert Licht mit einer Wellenlänge von 694,3 nm.

Lasertypen, die kontinuierliches Licht aussenden sollen, erreichen die Besetzunginversion auf andere Weise: durch kontinuierliches Pumpen. Der Helium-Neon-Laser regt über elektrische Entladung die Heliumatome an, die daraufhin ihre Energie durch Stöße an die Neonatome weitergeben. Das Neon hat zwei angeregte Zustände, von denen es bei der Besetzungsinversion den oberen belegt. Die stimulierte Emission versetzt die Atome in den leeren unteren angeregten Zustand, wobei das Laserlicht mit 632,8 nm erzeugt wird (Abbildung 34.25 im Tipler). Anschließend fällt das Neon in den Grundzustand und steht für die nächste Runde bereit. Anstelle eines teildurchlässigen Spiegels besitzen Helium-Neon-Laser Konkavspiegel, die ein Prozent des Lichts durchlassen und es zugleich als Linse bündeln (Abbildung 34.26 im Tipler).

Beispiel

Bei vielen chemischen Reaktionen durchlaufen die Partner extrem kurzlebige Übergangszustände, die sich mit konventionellen Methoden nicht nachweisen oder untersuchen lassen. Mit ultrakurzen Laserpulsen, die nur wenige Pikosekunden dauern, können wir diese Zustände untersuchen sowie Änderungen im Absorptionsverhalten der Reaktanten nachweisen und so den Ablauf der Reaktion zeitlich hochaufgelöst verfolgen. ◀

Verständnisfragen

4. Wie viele unterschiedliche Orbitale mit der Hauptquantenzahl $n = 4$ kann ein Atom besitzen?

5. Wasserstoff hat im Spektrum eine Linie bei 434 nm. Welchem Übergang entspricht dies?

6. In wie viele Orbitale mit der Hauptquantenzahl $n = 4$ darf ein Elektron wechseln, das sich bei der Anregung im $2p_z$-Orbital befindet?

Moleküle

5

Sobald sich mehrere Atome miteinander verbinden, wird es noch schwieriger, ihre Eigenschaften exakt mit den Gleichungen der Quantenphysik zu beschreiben. Doch auch, wenn wir die verschiedenen chemischen Bindungen und das Verhalten von Molekülen mehr qualitativ als quantitativ betrachten, können wir damit manche Effekte erklären, die sonst kaum nachzuvollziehen wären. Beispielsweise die Spektren von Molekülen, die mehr sind als einfache Additionen der Atomspektren.

5.1 In Molekülen werfen Atome ihre Orbitale zusammen

Tipler
Abschnitte *35.1 Die chemische Bindung* und *35.2 Mehratomige Moleküle* sowie Beispiel 35.1

Mit Ausnahme des Wasserstoffs bringen Atome nur einen Teil ihrer Elektronen in eine chemische Bindung ein. Die inneren Elektronen beteiligen sich nicht an der Wechselwirkung mit anderen Atomen, sodass wir sie und den Kern näherungsweise als einen positiv geladenen Atomrumpf ansehen können. Die eigentliche Bindung erfolgt über die Valenz- oder Außenelektronen. Je nach Bindungstyp wechseln sie vollständig zum anderen Atom über, belegen zusammen mit einem Elektron des Partners ein gemeinsames Orbital, belassen es bei Coulomb'schen Anziehungskräften oder tummeln sich als Wolke zahlloser Elektronen im Bereich um die Atomrümpfe.

Die einfachste Variante der chemischen Bindung ist die **Ionenbindung**, bei der ein oder mehrere Außenelektronen vollständig vom einen Partner auf den anderen überspringen. Dafür müssen wir an dem einen Atom die **Ionisierungsenergie** aufbringen, um ein Elektron aus dem Atom zu lösen, und am anderen wird die **Elektronenaffinität** frei, wenn es ein zusätzliches Elektron aufnimmt und zum Anion wird. Gehen wir von einzelnen Atomen aus, hätten wir demnach für das Beispiel Natriumchlorid als Teilreaktionen:

$$\mathrm{Na} \longrightarrow \mathrm{Na}^+ + \mathrm{e}^- \quad \text{Ionisierungsenergie: } E = 5{,}14\,\mathrm{eV} \tag{5.1}$$

$$\mathrm{Cl} + \mathrm{e}^- \longrightarrow \mathrm{Cl}^- \quad \text{Elektronenaffinität: } E = -3{,}62\,\mathrm{eV} \tag{5.2}$$

Die Werte für die Energien setzen voraus, dass die Atome unendlich weit voneinander entfernt sind oder zumindest so weit, dass sie sich nicht gegenseitig mit ihren Ladungen beeinflussen können. Unter dieser Bedingung müssten wir für die Ionisierung der Atome eine Energie von $5{,}14\,\mathrm{eV} + (-3{,}62\,\mathrm{eV}) = 1{,}52\,\mathrm{eV}$ aufbringen. Das positive Vorzeichen verrät uns, dass der Prozess endotherm wäre, also energieverbrauchend. Die notwendige Energie muss durch einen zweiten Vorgang aufgebracht werden, damit die Reaktion freiwillig ablaufen kann. Diese Energiequelle ist die elektrostatische Anziehung zwischen den entstandenen Ionen. Sie sorgt für eine potenzielle Energie E_{pot}, die ansteigt, wenn die beiden Ionen sich einander annähern:

$$E_{\mathrm{pot}} = -\frac{1}{4\,\pi\,\varepsilon_0} \cdot \frac{e^2}{r} \tag{5.3}$$

Zusammen ergeben die Bildungsenergie der Ionen und ihre elektrostatische Anziehungsenergie die **Gesamtenergie**, deren Wert vom Abstand r abhängt. Abbildung 35.1 im Tipler zeigt uns den Verlauf der Kurve, den wir von rechts nach links verfolgen wollen. In großer Entfernung ist es energetisch ungünstig, Natrium und Chlor zu ionisieren. Doch die Energieschuld wird kleiner, je näher sich die Ionen kommen. Bei einer Distanz von etwa 0,95 nm haben wir den Ausgleich erreicht. Ab hier wird Energie frei. Schließlich erreicht die Kurve bei 0,236 nm ein Minimum.

Wollen wir die Ionen noch näher zusammenbringen, spüren wir einen deutlichen Widerstand, der schnell ansteigt und auf die quantenphysikalischen Regeln zurückzuführen ist. Bei der geringen Entfernung, die mittlerweile zwischen den Ionen besteht, überlagern sich zunehmend ihre Atomorbitale. Dadurch kommen sie in Konflikt mit dem **Pauli'schen Ausschließungsprinzip**, nach welchem keine zwei Elektronen in allen vier Quantenzahlen gleich sein dürfen. Solange die Orbitale klar getrennt waren, traten keine Probleme auf. Nun aber ringen die Elektronen der beiden Atome miteinander um die Orbitale und Quantenzahlen, und die Verlierer müssen in energetisch höher liegende Orbitale ausweichen. Der dadurch entstehende Energiebedarf sorgt für den steilen Anstieg der potenziellen Energie des Systems. Während die elektrostatische Anziehungskraft zwischen den Ionen also dafür sorgt, dass die Teilchen einander näher kommen, verhindert das Ausschließungsprinzip, dass die Bindung zu eng wird. Beim Natriumchlorid liegt der Gleichgewichtsabstand in der Gasphase – die den theoretischen Verhältnissen, wie wir sie besprochen haben, am nächsten kommen – bei $r_0 = 0{,}236$ nm. In Salzkristallen, in denen jedes Ion von mehreren Seiten angezogen wird, beläuft sich der Abstand auf 0,28 nm.

Wollten wir ein Ionenpaar wieder trennen und die neutralen Atome rekonstruieren, müssten wir dafür die **Dissoziationsenergie** E_{Diss} aufbringen, die beim Natriumchlorid 4,27 eV beträgt.

Beispiel

Die ungewohnten Energieangaben in Elektronenvolt (eV) können wir über die Avogadrokonstante in die üblichere Einheit kJ/mol umrechnen:

$$E \text{ in kJ/mol} = 1\text{ eV} \cdot N_A \cdot 96{,}47\,\frac{\text{kJ}}{\text{mol}} \tag{5.4}$$

◀

Ihre wahre Stärke zeigt die Quantenphysik bei der Beschreibung der **kovalenten Bindung**. Das Bohr'sche Atommodell liefert gar keine Erklärung, warum und wie sich ähnliche Atome ein oder mehrere Elektronenpaare teilen. Der Weg über die Wellenfunktionen bietet da mehr, ist allerdings etwas abstrakt.

Für reelle Wellenfunktionen, wie sie im Tipler mit den Gleichungen 34.35 und 34.36 beschrieben werden, wissen wir, dass die Wahrscheinlichkeit, ein Elektron anzutreffen, proportional zum Quadrat seiner Wellenfunktion ist. Wegen der Quadrierung trifft dies für ganze Wellenfunktionen oder Teilbereiche mit positiven wie negativen **Vorzeichen** zu. Beispielsweise hat die Wellenfunktion für ein 1s-Atomorbital ein Plus als Vorzeichen. Bei den Wellenfunktionen von p-Atomorbitalen, die sich wie dicke Hanteln auf beiden Seiten des Atomkerns erstrecken, ist eine Seite positiv und die andere negativ. Achtung! Es handelt sich dabei nicht um elektrische Ladungen (Elektronen sind immer negativ geladen), sondern lediglich um mathematische Vorzeichen.

Von Bedeutung sind die Vorzeichen in dem Moment, wenn zwei Elektronen den gleichen Raum belegen wollen. Wegen des Pauli'schen Ausschließungsprinzips dürfen die beiden Elektronen dann nicht in allen vier Quantenzahlen gleich und damit ununterscheidbar sein. In der Sprache der Quantenphysik ausgedrückt: Die Gesamtwellenfunktion für die Elektronen muss asymmetrisch bezüglich des Austauschs der Elektronen sein.

Diese Bedingung können wir auf zwei Weisen erfüllen, die in Abbildung 35.3 im Tipler am Beispiel eines Wasserstoffmoleküls demonstriert werden:

- Wir lassen Orbital(bereiche) mit gleichem Vorzeichen überlappen, sorgen aber dafür, dass die Spins der Elektronen antiparallel sind. Abbildung 35.3b zeigt diese Variante

im oberen Teil. Die beiden Wellenfunktionen der ursprünglichen Atomorbitale sind gestrichelt dargestellt, die resultierende Wellenfunktion des Molekülorbitals, das aus der Kombination der Atomorbitale entstanden ist, mit der farbigen durchgezogenen Linie. Wir bezeichnen sie als die **räumlich symmetrische Wellenfunktion** ψ_S. Wichtig ist, dass die Funktion auch zwischen den Spitzen an den Positionen der Kerne einen deutlich positiven Wert hat. Das Quadrat der Wellenfunktion in Abbildung 35.3c im oberen Teil weist dementsprechend eine hohe Aufenthaltswahrscheinlichkeit zwischen den Atomkernen aus, was einer hohen Elektronendichte im zeitlichen Mittel entspricht. Wegen der elektrischen Anziehungskräfte zwischen den Elektronen und den Atomkernen halten Elektronen in diesem Molekülorbital die Atome zusammen, weshalb wir von einem **bindenden Molekülorbital** sprechen.

- Anders sieht es aus, wenn wir die Elektronenspins parallel lassen, aber dafür das Vorzeichen eines Orbitals umdrehen. Am unteren Teil von Abbildung 35.3b erkennen wir, dass sich die Wellenfunktionen der Atomorbitale gegenseitig schwächen und in der Mitte sogar ganz aufheben. Dort wechselt die **räumlich antisymmetrische Wellenfunktion** ψ_A des zugehörigen Molekülorbitals sogar das Vorzeichen. Darum erhalten wir zwischen den Atomkernen nur eine geringe Elektronendichte, die in der Mitte bei null liegt (Abbildung 35.3c unten). Durch den Mangel an Elektronen werden die Abstoßungskräfte der Atomkerne nicht ausgeglichen, und das **antibindende Molekülorbital** drückt die Atome auseinander.

Abbildung 35.4 im Tipler zeigt den Verlauf der potenziellen Energien für die beiden Gesamtwellenfunktionen. Die Energie des bindenden Molekülorbitals liegt immer tiefer und ist für nahe Abstände negativ, es wird also bei der Verschmelzung der Atomorbitale zum Molekülorbital Energie frei. Das Minimum finden wir in einem Abstand von $r_0 = 0{,}074$ nm und bei einer **Bindungsenergie** von $-4{,}52$ eV. Die Bildung des antibindenden Molekülorbitals verschlingt dagegen Energie. Es ist im Wasserstoffmolekül jedoch nicht besetzt, da Elektronen zuerst die energetisch niedrigeren Orbitale beziehen. Bei einem fiktiven Heliummolekül müssten das dritte und das vierte Elektron das antibindende Molekülorbital besetzen. Damit würden sie den anziehenden Kräfte des bindenden Molekülorbitals entgegenwirken, und das Molekül würde wieder zerfallen.

Mit der Kombination von Atomorbitalen zu Molekülorbitalen können wir auch die **räumliche Struktur vieler Moleküle** erklären. Beispielsweise besitzt Sauerstoff auf seiner äußersten Schale sechs Elektronen, von denen zwei im 2s-Orbital wenig Interesse an chemischen Reaktionen zeigen. Zwei der vier Elektronen in den drei p-Orbitalen bilden ein Elektronenpaar, das ebenfalls gesättigt ist. Es bleiben die beiden ungepaarten Elektronen in den übrigen p-Orbitalen. Sie können mit den s-Orbital-Elektronen zweier Wasserstoffatome Molekülorbitale ausbilden und belegen, sodass kovalente Bindungen entstehen und wir ein Wassermolekül erhalten (Abbildung 35.9 im Tipler). Den Winkel von 90° zwischen den p-Atomorbitalen im Sauerstoff spreizen die Kerne der Wasserstoffatome mit ihren Abstoßungskräften im Molekül auf rund 104,5°, aber die ungefähre Form des Moleküls konnten wir schon an den Atomorbitalen ablesen.

Etwas komplizierter verlaufen die Reaktionen bei Verbindungen mit Kohlenstoff. Dessen Atome besitzen vier Außenelektronen, von denen sich zwei im 2s-Atomorbital befinden und 2 in 2p-Atomorbitalen. Dennoch kann Kohlenstoff bis zu vier Bindungen eingehen, die untereinander absolut gleichwertig sind. Dafür muss das Atom seine Atomorbitale äußerst flexibel umgestalten und die Elektronen neu verteilen. Im ersten Schritt, der **Promotion**, hebt es eines der 2s-Orbitale energetisch an in das freie 2p-Orbital, sodass das 2s-Orbital und alle drei 2p-Orbitale nun mit je einem Elektron besetzt sind. Anschließend mischt das Atom in einer sogenannten **Hybridisierung** die vier Orbitale und macht aus ihnen vier gleichwertige **Hybridorbitale**. Mit diesem neuen maßgeschneiderten Typ von Atomorbital kann der Kohlenstoff nun vier kovalente Bindungen eingehen, die in die vier Ecken eines Tetraeders weisen.

Beispiel

Die Vielfalt der organischen Chemie erklärt sich aus der Fähigkeit des Kohlenstoffs, Hybridorbitale zu bilden. Neben dem beschriebenen sp^3-Hybridorbital, mit dem sich vier Einfachbindungen aufbauen lassen, bildet Kohlenstoff bei Bedarf auch drei sp^2-Hybridorbitale oder zwei sp-Hybridorbitale. Die Bindungen der Hybridorbitale liegen jeweils auf der Verbindungsachse zwischen den Atomkernen (σ-Bindungen) und können Einfachbindungen ausbilden oder sind an Doppel- und Dreifachbindungen beteiligt, die sie zusammen mit den nicht hybridisierten p-Orbitalen formen.

Außer Kohlenstoff hybridisieren auch andere Elemente ihre Orbitale. Etwa Sauerstoff und Stickstoff, wenn sie in ihrer jeweiligen molekularen Variante als O_2 bzw. N_2 vorliegen. ◀

Zwischen der Ionenbindung und der kovalenten Bindung gibt es keine feste Grenze, sondern fließende Übergänge. In der Chemie wird der Ionenbindungscharakter meistens an der Elektronegativitätsdifferenz der beteiligten Atome gemessen, wobei ein Unterschied von 1,7 in etwa einer Bindung entspricht, die zur Hälfte ionisch und zur Hälfte kovalent ist. In der Physik fällt die **Abschätzung des ionischen und kovalenten Bindungscharakters** eher über das elektrische Dipolmoment $\mathfrak{p}$, das sich experimentell messen lässt. Es beträgt für zwei hundertprozentige Ionen im Gleichgewichtsabstand r_0:

$$\mathfrak{p} = e\,r_0 \tag{5.5}$$

Für Natriumchlorid errechnen wir damit einen Wert von $3{,}78 \cdot 10^{-29}$ C m, während der Messwert bei $3{,}00 \cdot 10^{-29}$ C m liegt. Den Anteil der Ionenbindung finden wir, wenn wir das Verhältnis der Zahlen bilden. Er beträgt für Kochsalz $3{,}00/3{,}78 = 0{,}79$, also annähernd 80 Prozent.

Für die weiteren **Arten chemischer Bindungen** sind die quantenphysikalischen Eigenschaften der Atome weniger bedeutend:

- Bei **van-der-Waals-Bindungen** richten sich Moleküle mit elektrischen Dipolmomenten so aus, dass zwischen ihnen eine elektrische Anziehungskraft wirkt. Neben polaren Molekülen mit permanenten Dipolmomenten (Abbildung 35.5 im Tipler) können unpolare Moleküle ein transientes (vorübergehendes) Dipolmoment gewinnen, wenn sich die zufälligen Schwankungen in der Verteilung der Elektronen synchronisieren (Abbildung 35.6 im Tipler). Van-der-Waals-Kräfte sind sehr schwach und werden schon bei mittleren Temperaturen von den Wärmebewegungen der Moleküle aufgebrochen. Bei tiefen Temperaturen verbinden sie aber häufig Moleküle zu Festkörpern.
- **Wasserstoffbrückenbindungen** entstehen, wenn ein größeres Atom wie Sauerstoff, Stickstoff oder Fluor über eine kovalente Bindung ein Wasserstoffatom gebunden hat und die gemeinsamen Elektronen weit zu sich herüberzieht. Der dadurch partiell positiv geladene Wasserstoff zieht ein anderes partiell negatives Atom oder ein doppelt besetztes Orbital eines anderen Atoms an. Wasserstoffbrückenbindungen sind am stärksten, wenn die drei beteiligten Atome in gerader Linie liegen. Sie sorgen für den Zusammenhalt der Wassermoleküle und bringen viele Biomoleküle wie Proteine und die DNA in Form.
- Für eine **metallische Bindung** geben alle Atome ihre Valenzelektronen in ein gemeinsames Elektronen„gas“ ab, in dem sich die Atomrümpfe auf den Punkten eines Kristallgitters befinden. Die Zahl der Atomorbitale, die sich überlappen, ist dabei so groß, dass die ebenso große Anzahl der daraus entstehenden Orbitale des Metalls energetisch sehr eng beieinander liegt und sogenannte Bänder bildet.

5.2 Rotationen und Schwingungen verändern Spektren

Auch Moleküle absorbieren und emittieren charakteristische elektromagnetische Strahlung, sodass wir viele ihrer Eigenschaften durch die Analyse der Spektren ermitteln können. Die Energie der Photonen, die ein Molekül aufnehmen oder abgeben kann, hängt aber nicht wie beim Atom ausschließlich von den Energieniveaus der Orbitale ab, sondern von weiteren Prozessen, die kleinere Energiebeträge beisteuern. Das Wechselspiel kann sehr komplex werden, sodass wir uns auf den relativ einfachen Fall eines isolierten Moleküls aus zwei Atomen, das nicht durch Stöße oder andere Wechselwirkungen mit seinen Nachbarn Energie austauscht, konzentrieren.

Tipler
Abschnitt *35.3 Energieniveaus und Spektren zweiatomiger Moleküle* und Beispiel 35.3 bis 35.4

Bei einem derart vereinfachten System müssen wir insgesamt **drei Vorgänge** berücksichtigen:

- Die elektronische Anregung durch den Wechsel von Elektronen zwischen Orbitalen mit unterschiedlichen Energieniveaus, wie wir sie bereits für Atome besprochen haben. Die Differenzen liegen hierbei in der Größenordnung von 1 eV. Damit reichen sie vom ultravioletten Licht über das sichtbare Licht bis zum Infrarotlicht.
- Die verschiedenen Schwingungszustände eines Moleküls mit zwei Atomen liegen Zehntel eines Elektronenvolts auseinander. Die Strahlung gehört zum infraroten Teil des Spektrums.
- Die Änderung der Rotation des Moleküls geht mit der Zunahme oder Abgabe von Energie im Bereich von 10^{-4} eV einher. Dies entspricht Mikrowellenstrahlung.

Die **Schwingungen eines zweiatomigen Moleküls** können wir uns wie zwei Massen m_1 und m_2 vorstellen, die durch eine Feder mit der Federkonstanten k_F miteinander verbunden sind, die sie mal mehr, mal weniger dehnen. Solch ein harmonischer Oszillator erreicht eine Schwingungsfrequenz ν von:

$$\nu = \frac{1}{2\,\pi}\sqrt{\frac{k_F}{m_{\text{red}}}} \tag{5.6}$$

Darin ist m_{red} die **reduzierte Masse**, die durch das Wechselspiel der beiden Atommassen zustande kommt:

$$m_{\text{red}} = \frac{m_1\,m_2}{m_1 + m_2} \tag{5.7}$$

Mit der reduzierten Masse tun wir so, als gäbe es nicht zwei Teilchen, sondern nur eines, dass dann eben die reduzierte Masse besitzt. Sie liegt niedriger als die kleinste Einzelmasse.

Die Frequenz der Schwingung bestimmt nach der Schrödinger-Gleichung die Lage der **Schwingungsenergieniveaus:**

$$E_{\text{vib}} = \left(v + \frac{1}{2}\right) h\,\nu \quad \text{mit } v = 0,\ 1,\ 2,\ \cdots \tag{5.8}$$

Wir sehen, dass die Energie und mit ihr die Eigenfrequenz des schwingenden Moleküls gequantelt ist. Die Abstände zwischen den Energieniveaus sind etwa um den Faktor 10 kleiner als bei elektronischen Übergängen. In Abbildung 35.13 im Tipler erkennen wir, dass die **Schwingungsenergieniveaus** deshalb innerhalb der verschiedenen elektronischen Zustände eine Reihe von energetischen Unterzuständen bilden, die im unteren Bereich alle den gleichen Abstand voneinander haben. Verändert ein Molekül seinen Schwingungszustand innerhalb eines elektronischen Zustands, muss es die **Auswahlregel für Übergänge zwischen den Schwingungszuständen** einhalten, wonach sich die Schwingungsquantenzahl v bei einem Wechsel nur um +1 oder −1 ändern, das Molekül also nur in den direkten nächsten Zustand springen darf. Aus dem Spektrum können wir die Energie des dafür notwendigen Photons ersehen und über die Schwingungsfrequenz die Federkonstante berechnen, die für das jeweilige Molekül typisch ist.

5.2 Rotationen und Schwingungen verändern Spektren

Die **Rotationsenergieniveaus** nehmen eine noch feinere Abstimmung des Zustands vor. Ein zweiatomiges Molekül kann um eine Achse rotieren, die durch seinen Massenmittelpunkt oder Schwerpunkt führt, wie in Abbildung 35.12 im Tipler dargestellt. Aus der Schrödinger-Gleichung geht hervor, dass auch die Rotationsenergieniveaus gequantelt sind. Ihre Lage hängt vom Trägheitsmoment I und von der **Rotationsquantenzahl** J ab, die den Drehimpuls in ganzzahlige Vielfache von $\hbar^2$ zerlegt:

$$E_{\mathrm{rot}} = \frac{J(J+1)\,\hbar^2}{2I} = J(J+1)\,B \quad \text{mit } J = 0,\ 1,\ 2,\ \cdots \tag{5.9}$$

Die charakteristischen Eigenschaften des Moleküls sind dabei in der **Rotationskonstanten** B vereinigt:

$$B = \frac{\hbar^2}{2I} \tag{5.10}$$

Aus dem Spektrum eines Moleküls können wir die Lage seiner Rotationsenergieniveaus entnehmen und sein Trägheitsmoment I errechnen, aus dem wir wiederum auf den Abstand zwischen den Atomen r_0 schließen können:

$$I = m_{\mathrm{red}}\, r_0^2 \tag{5.11}$$

Die **Auswahlregel für Rotationsübergänge** bestimmt, dass sich ihre Quantenzahl J innerhalb eines Schwingungszustands ebenfalls nur um ± 1 ändern darf. Die Unterschiede zwischen den Rotationsenergieniveaus sind so gering, dass Moleküle schon durch kleine Störungen wie Kollisionen ihren Rotationszustand ändern können. Sie bilden zu jedem Schwingungsenergienieveau eine sehr fein abgestufte Folge von Unterunterenergiezuständen (Abbildung 35.13 im Tipler, Ausschnittsvergrößerung).

Die Kombination der drei verschiedenen Typen von Energieniveaus bietet Molekülen eine Vielzahl unterschiedlicher Zustände, zwischen denen sie durch Absorption oder Emission eines Photons wechseln können. Die Auswahlregeln für die Schwingungs- und Rotationsübergänge gelten dabei jeweils nur innerhalb eines elektronischen Zustands bzw. innerhalb eines Schwingungszustands. Springt ein Elektron vom Grundzustand in den angeregten Zustand, kann es dort jeden beliebigen Schwingungs- und Rotationszustand einnehmen. Dadurch ergeben sich sehr viele mögliche Anfangs- und Zielniveaus, und entsprechend viele unterschiedliche Photonen kann das Molekül absorbieren oder emittieren. Die scharfen Linien des Atomspektrums treten deshalb im **Molekülspektrum** als breite Banden auf, die sich aus einer Vielzahl eng benachbarter Linien zusammensetzen (Abbildung 35.14 im Tipler).

Bei Molekülen in dichten Gasen, Flüssigkeiten oder Festkörpern tauschen darüber hinaus die Moleküle auch untereinander Energie aus, indem sie miteinander kollidieren, ihre Elektronenverteilungen gegenseitig beeinflussen oder chemisch reagieren. Diese Wechselwirkungen ergeben weitere Energieniveaus, die sich in Spektren bemerkbar machen.

Verständnisfragen

7. Die Elektronenaffinität von Sauerstoff beträgt −1,46 eV. Wie groß ist sie in der Einheit kJ/mol?

8. Wie viele bindende und antibindende Molekülorbitale entstehen, wenn zwei Atome, deren äußerste Schale die Hauptquantenzahl $n = 2$ hat, eine kovalente Bindung ausbilden?

9. Bei der Fluoreszenz gibt ein angeregtes isoliertes Molekül nur einen Teil der Anregungsenergie als dann längerwelliges Photon ab. Wie könnte es den Rest der Energie verloren haben?

Kernphysik und Radioaktivität

6

Chemische Reaktionen gehen auf die Prozesse in den Elektronenhüllen der Atome zurück. Deren Besetzung mit Elektronen richtet sich aber nach dem Element, dem ein Atom angehört, und diese Zuordnung hängt von der Zusammensetzung des Atomkerns ab. Deshalb ist es auch für Chemiker sinnvoll, grob den Aufbau des Kerns zu kennen.

Hinzu kommt, dass manche Atomkerne nicht stabil sind und Teilchen und Energie emittieren. Bei diesem Prozess kann sich sogar die Elementzugehörigkeit ändern. Wir werden darum in diesem Kapitel die wichtigsten Arten des radioaktiven Zerfalls untersuchen.

6.1 Auch Atomkerne haben Energieniveaus

Tipler
Abschnitt *38.1 Eigenschaften der Kerne* und Beispiel 38.1

Der Atomkern oder das **Nuklid** setzt sich aus Protonen und Neutronen zusammen, die wir mit dem Oberbegriff **Nukleonen** bezeichnen. Die Anzahl der Nukleonen bestimmt daher die **Massenzahl** A des Kerns, die Protonenzahl die Ordnungszahl Z, die bestimmt, zu welchem Element ein Atom gehört. Auf die Zahl der Neutronen N kommt es dabei nicht an, sodass es von vielen Elementen verschiedene **Isotope** gibt, die zwar alle die gleiche Zahl Protonen im Kern tragen, aber unterschiedliche Mengen Neutronen. Beispielsweise besitzt das häufigste Wasserstoffisotop ^{1}H im Kern nur ein Proton, wie wir an der hochgestellten Massenzahl vor dem Elementsymbol sehen. Daneben existieren auch schwerer Wasserstoff oder Deuterium ^{2}H mit einem Proton und einem Neutron im Kern sowie überschwerer Wasserstoff oder Tritium ^{3}H, in dessen Kern wir ein Proton und zwei Neutronen finden. Grundsätzlich bewegt sich das Verhältnis von Neutronen zu Protonen bei leichten Elementen nahe bei 1:1, während es sich bei schweren Elementen immer weiter zugunsten der Neutronen verschiebt (Abbildung 38.1 im Tipler).

Der Grund für die ansteigende Zahl von Neutronen mit zunehmender Ordnungszahl liegt in der stärker werdenden Abstoßungskraft der positiv geladenen Protonen untereinander. Die Reichweite des elektrischen Felds eines Protons ist im Prinzip unbegrenzt, sodass es über den gesamten Kern wirkt. Je mehr Protonen zusammenkommen, desto mehr drängen sie auseinander. Die **starke Kernkraft** oder **hadronische Kraft**, die zwischen allen Nukleonen gleichermaßen anziehend wirkt und den Kern zusammenhält, hat dagegen nur eine kurze Reichweite und wirkt im Wesentlichen nur zwischen direkten Nachbarteilchen. Ein Proton verspürt darum immer nur die Anziehungskraft seiner direkten Umgebung, aber die Abstoßungskraft des gesamten Kerns. Bei großen Kernen müssen dementsprechend zusätzliche Neutronen für mehr Abstand sorgen, um die Abstoßungskräfte durch größere Abstände zwischen den Protonen zu dämpfen. Die Form des Atomkerns können wir dabei nach dem **Tröpfchenmodell** als annähernd kugelig annehmen. Setzen wir den Radius eines einzelnen Nukleons auf $r_0 = 1{,}2 \cdot 10^{-15}$ m, beträgt der Radius des Kerns r_K:

$$r_K = r_o \cdot \sqrt[3]{A} \tag{6.1}$$

Innerhalb des Kerns sind die Nukleonen ähnlich wie die Elektronen der Atomhülle auf verschiedene Energieniveaus verteilt (Abbildung 38.2 im Tipler). Allerdings sind die Abstände im Kern eine Million mal größer als bei elektronischen Übergängen und bewegen sich in der Größenordnung von MeV. Jedes Kernteilchen wird also mit einer

bestimmten Bindungsenergie E_b im Kern gehalten. Nach der Einstein'schen Formel für die **Äquivalenz von Energie und Masse** entspricht diese Bindungsenergie einer Masse:

$$E_b = m\,c^2 \qquad (6.2)$$

Da die Bindungsenergie frei wird, wenn das Teilchen dem Kern beitritt, muss es dabei ein wenig Masse verlieren. Tatsächlich können wir diesen **Massendefekt** nachweisen. Für eine atomare Masseneinheit u beträgt er:

$$1\,\mathrm{u} \cdot c^2 = 931{,}5\,\mathrm{MeV} \qquad (6.3)$$

Der Massendefekt der Nukleonen beträgt etwa ein Hundertstel u. Ebenso wie die Bindungsenergie pro Nukleon steigt er vom Wasserstoff ausgehend mit zunehmender Massenzahl zunächst steil an, erreicht beim Eisen ein Maximum und wird anschließend zu noch schwereren Elementen wieder geringer (Abbildung 38.3 im Tipler). Den Massendefekt Δm und die **Kernbindungsenergie des gesamten Atomkerns** E_b können wir berechnen, wenn wir die Massen der entsprechenden Anzahlen freier Protonen, Neutronen und Elektronen addieren und davon die experimentell bestimmte atomare Masse (Tabelle 38.1 im Tipler) abziehen:

$$\Delta m = (Z\,m_H + N\,m_n - m_A) \qquad (6.4)$$

$$E_b = (Z\,m_H + N\,m_n - m_A)\,c^2 \qquad (6.5)$$

Dass wir die Masse der Elektronen in der Masse eines Wasserstoffatoms m_H zunächst mitzählen, ist nicht schlimm, da wir sie mit der atomaren Masse m_A wieder abziehen. m_n ist die Masse eines freien Neutrons. Im Schnitt beträgt die Bindungsenergie pro Nukleon etwa 8,3 MeV.

Beispiel

Der Massendefekt ist auch für die große Energiemenge verantwortlich, die bei der Kernfusion von Wasserstoff zu Helium im Inneren der Sonne freigesetzt wird. Jede Sekunde werden dort 4,3 Milliarden Kilogramm Materie in Energie umgewandelt und in das Weltall abgestrahlt. Der kleine Bruchteil, der die Erde trifft, reicht aus, um über die Photosynthese fast alle Lebensprozesse anzutreiben. ◀

6.2 Radioaktiver Zerfall ist eine Suche nach Stabilität

Tipler
Abschnitt *38.2 Radioaktivität* und Beispiele 38.2 bis 38.4

Trotz der ausgleichenden Wirkung der Neutronen sind längst nicht alle Atomkerne stabil. Viele von ihnen stoßen Teilchen oder Strahlung aus und erreichen dadurch einen energieärmeren Zustand. Dieser **radioaktive Zerfall** ist ein Zufallsprozess oder statistischer Prozess. Von außen lässt er sich kaum beeinflussen (außer durch Beschuss des Kerns mit sehr schnellen Teilchen), und es ist unmöglich, für einen bestimmten Kern vorherzusagen, wann genau er zerfallen wird. Bei einer großen Anzahl von Kernen können wir jedoch sehr zuverlässige Aussage über die Gesamtheit der radioaktiven Atome machen.

Die Menge des radioaktiven Materials nimmt mit der Zeit exponentiell ab. Beginnen wir unsere Messung zum Zeitpunkt $t = 0$ mit der Anzahl N_0 an radioaktiven Nukliden, dann finden wir zum Zeitpunkt t noch N übrig gebliebene Kerne:

$$N = N_0 \cdot \mathrm{e}^{-\lambda t} \qquad (6.6)$$

Weil die instabilen Kerne immer weniger werden, nimmt auch die **Zerfallsrate** oder **Aktivität** R ab, die angibt, wie viele Kerne pro Sekunde zerfallen:

$$R = R_0 \cdot e^{-\lambda t} \tag{6.7}$$

Wir sehen, dass die Zahl der Teilchen und die Zerfallsrate den gleichen Verlauf haben. Deshalb reicht es aus, wenn wir uns eine der beiden Größen weiter anschauen, die Aussagen gelten für beide gleichermaßen.

Die **Zerfallskonstante** λ, die im Exponenten vorkommt, ist charakteristisch für das jeweilige radioaktive Isotop. Sie enthält alle Eigenschaften des Nuklids, die es stabiler oder instabiler machen. Je größer die λ ist, desto schneller zerfällt ein Material. In der Praxis nutzen wir aber häufiger den Kehrwert der Zerfallskonstanten, die mittlere Lebensdauer τ:

$$\tau = \frac{1}{\lambda} \tag{6.8}$$

Nach der Zeit τ ist die Zahl der radioaktiven Kerne auf den e-ten Teil gefallen, was etwa 37 % entspricht. Noch gebräuchlicher ist die **Halbwertszeit** $t_{1/2}$, die angibt, wie lange es dauert, bis nur noch die Hälfte des Materials im Ursprungszustand vorliegt:

$$t_{1/2} = \frac{\ln 2}{\lambda} = \tau \cdot \ln 2 \approx 0{,}693 \cdot \tau \tag{6.9}$$

Alle genannten Parameter für die Zerfallsgeschwindigkeit haben die Eigenart, dass sie die gesamte Zeit über gleich bleiben. An Abbildung 38.4 im Tipler sehen wir, dass die Zahl der Kerne nach einer Halbwertszeit auf die Hälfte gefallen ist, nach einer weiteren Halbwertszeit auf die Hälfte der Hälfte (also ein Viertel) usw. Die Halbwertszeit hängt einzig und allein von der Nuklidsorte ab und ist so typisch für sie, dass wir daran ein radioaktives Element identifizieren können. Dafür bestimmen wir zu verschiedenen Zeitpunkten mit geeigneten Messgeräten die Zerfallsrate. Sie wird in der Einheit **Becquerel** mit dem Einheitenzeichen bq angegeben. Gelegentlich stoßen wir noch auf die veraltete Einheit **Curie** (Ci). Die Umrechnung erfolgt nach:

$$1\ \text{Zerfall/s} = 1\ \text{Bq} = 2{,}7 \cdot 10^{-11}\ \text{Ci} \tag{6.10}$$

Aus der Zerfallsrate erhalten wir mit Gleichung 6.7 die Zerfallskonstante und damit die Halbwertszeit. Deren Wert kann zwischen Bruchteilen von Mikrosekunden bis zu Billionen Jahren liegen. Mit Hilfe von Zerfallstabellen finden wir schließlich heraus, welches Element wir untersucht haben.

Beispiel

Bei der **Radiocarbonmethode** bestimmen wir über den radioaktiven Zerfall des Kohlenstoffisotops ^{14}C das Alter einer Probe aus organischem Material. ^{14}C entsteht ständig in der Atmosphäre, wo Stickstoffatome gelegentlich Neutronen aus der kosmischen Strahlung einfangen und sich unter Abgabe eines Protons in radioaktives ^{14}C verwandeln:

$$^{14}\text{N} + \text{n} \longrightarrow {}^{14}\text{C} + \text{p} \tag{6.11}$$

Mit einer Halbwertszeit von 5730 Jahren zerfällt das ^{14}C wieder in Stickstoff, wobei es ein Elektron und ein Antineutrino $\bar{\nu}_e$ ausstößt:

$$^{14}\text{C} \longrightarrow {}^{14}\text{N} + e^- + \bar{\nu}_e \tag{6.12}$$

Das ^{14}C wird von Pflanzen bei der Photosynthese in ihr Zellmaterial eingebaut, und über die Nahrungskette gelangt es in Tiere und Menschen, sodass alle Organismen während ihrer Lebzeit ein stabiles Verhältnis von ^{14}C zum häufigeren ^{12}C haben.

Mit dem Tod des Organismus nimmt er jedoch kein neues ^{14}C mehr auf. Ohne Nachschub nimmt dessen Menge im Körper nach dem Zerfallsgesetz ab. Bei einer frischen Probe können wir etwa 15,3 Zerfälle können wir pro Minute und Gramm Kohlenstoff messen. Diese geringe Rate schränkt die Radiocarbonmethode auf Zeiträume innerhalb der letzten rund 60 000 Jahre ein – danach ist die Aktivität zu gering, um verlässliche Werte zu ermitteln. ◀

Nach der Art der Strahlung unterscheiden wir drei Typen von Radioaktivität. Bei zwei von ihnen sendet ein sogenannter **Mutterkern** Teilchen aus und wird dadurch zu einem **Tochterkern**, der einem anderen Element angehört:

- Beim α-Zerfall stößt der Kern ein α-Teilchen aus, das aus zwei Protonen und zwei Neutronen besteht und damit einem Heliumkern entspricht.
- Beim β-Zerfall gibt der Kern ein Elektron oder dessen Antiteilchen, ein Positron, ab.
- Beim γ-Zerfall emittiert der Kern reine elektromagnetische Strahlung.

Der **α-Zerfall** findet bei vielen schweren Kernen mit Ordnungszahlen über 83 statt. In diesen Bereichen gelingt es den Neutronen nicht mehr, die Abstoßungskräfte der Protonen dauerhaft zu kompensieren. Allerdings können die Protonen den Kern auch nicht einfach verlassen. Sie sind in ihm gefangen wie in einem Potenzialtopf: Im Kern zu sein, ist energetisch sehr viel günstiger als der Zustand außerhalb. Hinzu kommt eine große energetische Barriere an der äußeren Grenze des Kerns (Abbildung 38.7 im Tipler). Die Hürde ist so hoch, dass das α-Teilchen sie nur überwinden kann, indem es sich mit Hilfe des quantenphysikalischen Tunneleffekts aus dem Kern herausschleicht. Je mehr Energie das α-Teilchen für die Flucht aufbringen kann, umso größer sind seine Chancen für das Tunneln und desto kürzer ist die Halbwertszeit.

Die allgemeine Reaktionsgleichung des α-Zerfalls können wir folgendermaßen schreiben:

$$ {}^{A}_{Z}X \longrightarrow {}^{A\text{-}4}_{Z\text{-}2}Y + {}^{4}_{2}\,He + \Delta E \tag{6.13} $$

Durch den Verlust der vier Nukleonen nimmt die Massenzahl um 4 ab. Da zwei der Nukleonen Protonen waren, sinkt auch die Ordnungszahl um 2. Der Atomkern gehört also nach dem Zerfall zu einem anderen Element. Weil sich häufig an den ersten radioaktiven Zerfall weitere anschließen, durchläuft ein Kern oft eine ganze **Zerfallsreihe**, bevor er einen stabilen Zustand erreicht. Bei den noch existenten natürlichen Zerfallsreihen ist diese Endstation immer ein Bleiisotop. Theoretisch sollte es vier verschiedene Zerfallsreihen geben, da die Massenzahl bei einem Zerfall entweder um 4 abnimmt oder gleich bleibt:

- Die Nuklide der **Thorium-Reihe** oder $4n$-Reihe haben Massenzahlen, die glatt durch 4 teilbar sind. Ihr Ausgangspunkt ist das Nuklid ${}^{232}_{90}Th$, der stabile Endkern ist ${}^{208}_{82}Pb$.
- Die **Neptunium-Reihe** oder $4n{+}1$-Reihe ist bereits ausgestorben. Auch die längste Halbwertszeit in der Reihe war mit 2 Millionen Jahren so kurz, dass bereits alle Nuklide zum stabilen ${}^{209}_{83}Bi$ zerfallen sind.
- Die **Uran-Radium-Reihe** oder $4n{+}2$-Reihe beginnt mit dem Nuklid ${}^{238}_{92}U$ und führt zum ${}^{206}_{82}Pb$. Bei der Division der Massenzahl durch 4 bleibt der Rest 2.
- Auch die **Uran-Actinium-Reihe** oder $4n{+}3$-Reihe startet mit einem Uranisotop, dieses Mal ist es das Nuklid ${}^{235}_{92}U$. Die Reihe führt zum ${}^{207}_{82}Pb$.

Die freigesetzte **Zerfallsenergie** ΔE stammt aus dem Massendefekt, da die Zerfallsprodukte leichter sind als der Mutterkern. Die Differenz tragen die α-Teilchen als kinetische

Energie mit sich. Deren Wert ist ist eng begrenzt und typisch für die Art des zerfallenden Nuklids, sodass wir daran den Mutterkern erkennen können.

Die **Reichweite** der α-Teilchen ist sehr begrenzt. In Gasen kollidieren und reagieren sie schon nach wenigen Zentimetern mit den Molekülen, in Flüssigkeiten kommen sie maximal ein Zehntel Millimeter weit. Schon ein Blatt stärkeres Papier hält sie völlig auf.

Beispiel

Durch Beschuss mit Nukleonen können wir auch eigentlich stabile leichte Kerne zu künstlichen radioaktiven Nukliden machen. Dies geschieht zwangsläufig als Nebeneffekt in Kernreaktoren, aber auch gezielt in Forschungsreaktoren, in denen Radionuklide für medizinische Untersuchungen und für Forschungszwecke hergestellt werden. ◀

β-Zerfall tritt bei Atomkernen mit einem unausgewogenen Verhältnis von Protonen und Neutronen auf. In ihnen wandelt die schwache Kernkraft eines der häufigeren Nukleonen in eines der unterrepräsentierten Teilchen um. Je nach Nukleonensorte, die überwiegt, gibt es also zwei Varianten des β-Zerfalls:

- Bei häufigeren **β^--Zerfall** geht ein Neutron unter Aussendung eines Elektrons in ein Proton über. Zusätzlich entsteht ein Antineutrino $\bar{\nu}_e$ genanntes Elementarteilchen:

  $$\mathrm{n} \longrightarrow \mathrm{p} + \mathrm{e}^- + \bar{\nu}_e \tag{6.14}$$

  Die Massenzahl ändert sich nicht, aber die Ordnungszahl steigt durch das neue Proton um +1 an, der Tochterkern gehört dadurch zu einem anderen Element:

  $$^{\mathrm{A}}_{\mathrm{Z}}\mathrm{X} \longrightarrow {}^{\mathrm{A}}_{\mathrm{Z+1}}\mathrm{Y} + \mathrm{e}^- + \bar{\nu}_e + \Delta E \tag{6.15}$$

- Der **β^+-Zerfall** kann nicht bei freien Protonen stattfinden, sondern nur innerhalb von Atomkernen, weil er Energie aus der Bindungsenergie des Protons benötigt. Durch die Wirkung der schwachen Kernkraft stößt das Proton ein Positron e^+ und ein Neutrino ν_e aus und wandelt sich zu einem Neutron:

  $$\mathrm{p} \longrightarrow \mathrm{n} + \mathrm{e}^+ + \nu_e \tag{6.16}$$

  Das Positron ist das Antiteilchen zum Elektron. Es hat die gleichen Eigenschaften, aber umgekehrte Vorzeichen bei der elektrischen Ladung und dem magnetischen Moment. Beim β^+-Zerfall trägt es die positive Ladung des Protons aus dem Kern. Dadurch fällt die Ordnungszahl um 1, während die Massenzahl wieder gleich bleibt:

  $$^{\mathrm{A}}_{\mathrm{Z}}\mathrm{X} \longrightarrow {}^{\mathrm{A}}_{\mathrm{Z-1}}\mathrm{Y} + \mathrm{e}^+ + \nu_e + \Delta E \tag{6.17}$$

Obwohl beim β^--Zerfall ein Elektron ausgesandt wird, stammt es nicht aus der Elektronenhülle, sondern aus dem Kern des Atoms! Wie das Positron aus dem β^+-Zerfall liegt es dort nicht aber die ganze Zeit über in Warteposition, stattdessen entstehen die Teilchen erst durch den Prozess. Die **Zerfallsenergie** teilt sich auf das Elektron oder Positron und das Antineutrino oder Neutrino auf. Deshalb haben die Teilchen keine scharf begrenzte kinetische Energie wie beim α-Zerfall, sondern weisen eine breite Verteilung der Energie auf.

Die **Reichweite** der β-Strahlung ist auf einige Zentimeter bis Meter in Luft und wenige Zentimeter in Wasser beschränkt. Zur Abschirmung reicht eine Kunststoffscheibe von rund einem Zentimeter Stärke.

Beispiel

Künstlich erzeugt β^+-Strahler werden in der medizinischen Positronen-Emissions-Tomografie (PET) eingesetzt. Das ausgesandte Positron zerstrahlt beim Zusammenstoß mit einem Elektron in einem Prozess, den wir als Annihilation bezeichnen zu Energie in Form von Photonen, die von Detektoren aufgefangen und am Computer ausgewertet werden. ◀

Der γ-**Zerfall** ist eigentlich kein wirklicher Zerfallsprozess, sondern eine Neuorganisation des Kerns nach einem α- oder β-Zerfall. Nach diesen befindet sich der Kern häufig in einem angeregten Zustand X* und geht durch Emission eines extrem energiereichen γ-Photons in einen energieärmeren Zustand über. Weder die Massenzahl noch die Ordnungszahl ändern sich dadurch:

$$ {}^{A}_{Z}X^{*} \longrightarrow {}^{A}_{Z}X + \gamma \tag{6.18}$$

Meist verläuft der Prozess nahezu unmittelbar nach dem vorangehenden α- oder β-Zerfall. Manche Kerne geraten aber zunächst in einen metastabilen Zustand, in dem sie für einige Stunden verharren, bevor das Photon emittiert wird.

Da es sich um eine rein elektromagnetische Strahlung handelt, ist die **Reichweite** der γ-Strahlung recht groß. Zur Abschirmung sind deshalb dicke Wände aus dichtem Material wie Blei oder Beton nötig.

6.3 Radioaktivität messen

Trifft radioaktive Strahlung auf Materie, kann sie diese verändern, indem sie Atome verschiebt, ionisiert oder Bindungen aufbricht. Die betroffenen Atome und Moleküle befinden sich dadurch häufig in einem angeregten Zustand oder sind Radikale und lösen weitere chemische Reaktionen aus. In lebenden Zellen können sie unter anderem das Erbmolekül DNA schädigen, das die Informationen für den Ablauf der Lebensprozesse trägt.

Tipler
Abschnitt *38.5 Dosimetrie* und Beispiel 38.9

Die **Strahlendosis**, die auf ein Material einwirkt, wird in verschiedenen Größen angegeben:

- Die **Ionendosis** D_{ion} gibt an, wie viele Ladungen q mit dem gleichen Vorzeichen die Strahlung innerhalb einer bestimmten Menge des Materials erzeugt. Die Bezugsmenge wird direkt als Masse m oder als Produkt aus der Dichte ρ und dem Volumen V des Materials ermittelt:

$$D_{\text{ion}} = \frac{\mathrm{d}q}{\mathrm{d}m} = \frac{1}{\rho}\frac{\mathrm{d}q}{\mathrm{d}V} \tag{6.19}$$

  Die Einheit der Ionendosis ist Coulomb pro Kilogramm. Früher nutzte man das Röntgen R:

$$1\,\frac{\mathrm{C}}{\mathrm{kg}} \approx 3876\,\mathrm{R} \tag{6.20}$$

- Von der Ionendosis gelangen wir durch Multiplikation mit einem materialspezifischen Korrekturfaktor k zur **Energiedosis** D_{E}:

$$D_{\mathrm{E}} = k \cdot D_{\text{ion}} \tag{6.21}$$

  Die Energiedosis betrachtet die Energie, die im Material verblieben ist:

$$D_{\mathrm{E}} = \frac{\mathrm{d}E}{\mathrm{d}m} = \frac{1}{\rho}\frac{\mathrm{d}E}{\mathrm{d}V} \tag{6.22}$$

Sie wird in der Einheit **Gray** (Gy) angegeben. Die veraltete Einheit ist das Rad (rd):

$$1\,\mathrm{Gy} = 1\,\frac{\mathrm{J}}{\mathrm{kg}} = 100\,\mathrm{rd} \tag{6.23}$$

Der Korrekturfaktor für Wasser und Luft liegt bei $k = 35\,\mathrm{Gy/(C/kg)}$. Es sind also 35 J Energie nötig, um 1 C Ionen zu produzieren. Für biologisches Gewebe rechnen wir mit $k = 37\,\mathrm{Gy/(C/kg)}$.

- Die verschiedenen Arten von Strahlung haben unterschiedliche biologische Wirksamkeit, was in der **Äquivalentdosis** D_{eq} berücksichtigt wird. Als Referenz dient die Wirkung des Elektrons, die gleich eins gesetzt wird. γ-Strahlung hat den gleichen Wert. Die Teilchen der α-Strahlung sind hingegen deutlich verheerender, weshalb ihr Gewichtungsfaktor ω_{eq} bei 20 liegt. Für Neutronen bewegt er sich je nach Energie zwischen 5 und 20.

$$D_{\mathrm{eq}} = \omega_{\mathrm{eq}} \cdot D_{\mathrm{E}} \tag{6.24}$$

Als Einheit wurde das **Sievert** (Sv) eingeführt. Die veraltete Einheit rem ist um den Faktor 100 kleiner:

$$1\,\mathrm{Sv} = 1\,\mathrm{Gy} = 1\,\frac{\mathrm{J}}{\mathrm{kg}} = 100\,\mathrm{rem} \tag{6.25}$$

- Soll bei einer Strahlentherapie die Empfindlichkeit der verschiedenen Organe und Gewebe berücksichtigt werden, wählen wir die **effektive Dosis** D_{eff}. Wir erhalten die effektive Dosis für den Körper, indem wir die Äquivalentdosen der einzelnen Organe (die Organdosen D_{org}) mit einem Gewichtungsfaktor ω_{gew} multiplizieren und addieren:

$$D_{\mathrm{eff}} = \sum \omega_{\mathrm{gew}} \cdot D_{\mathrm{org}} = \sum \omega_{\mathrm{gew}} \cdot \omega_{\mathrm{eq}} \cdot D_{\mathrm{E}} \tag{6.26}$$

In Tabelle 38.3 im Tipler sind einige Gewichtungsfaktoren für verschiedene Organe aufgeführt. Die Werte reichen von 0,01 für Haut bis 0,12 für Lunge und Dickdarm.

Die normale **durchschnittliche Strahlenbelastung in Deutschland** bewegt sich zwischen 1 mSv und 3 mSv pro Jahr. Lokal finden wir auch bis zu 10 mSv pro Jahr. Der gesetzliche Grenzwert für Personen, die bei der Arbeit Strahlung ausgesetzt sind, liegt bei 20 mSv pro Jahr.

Verständnisfragen

10. Die durchschnittliche Bindungsenergie pro Nukleon im Kern beträgt 8,3 MeV. Wie groß ist dann der mittlere Verlust an Masse pro Kernteilchen durch den Massendefekt in u?

11. Bei einer radioaktiven Probe messen wir erst eine Aktivität von 25 bq, 10 Minuten später sind es noch 17 bq. Wie groß ist die Halbwertszeit des Isotops?

12. Welcher Ionendosis entspricht die gesetzliche Obergrenze für die Strahlenbelastung von 20 mSv pro Jahr, wenn wir von einem Menschen mit einem Gewicht von 70 kg ausgehen und die Belastung vollständig durch α-Teilchen erfolgt?

Exemplarische Klausuraufgabe 7

Verständnisfragen

13. 1. Ermitteln Sie die Energien des Grundzustands ($n = 1$) und der beiden ersten angeregten Zustände eines Protons in einem eindimensionalen Kasten der Länge $d = 10^{-15}$ m = 1 fm. (Diese Energien liegen in derselben Größenordnung wie die Energien in Atomkernen.) Skizzieren Sie das Energieniveaudiagramm dieses Systems, und berechnen Sie die Wellenlänge der elektromagnetischen Strahlung, die emittiert wird, wenn das Proton folgende Übergänge erfährt:

2. von $n = 2$ zu $n = 1$,
3. von $n = 3$ zu $n = 2$ bzw.
4. von $n = 3$ zu $n = 1$.

(aus Tipler)

Zusammenfassung

8

- Licht hat manchmal auch Teilchencharakter. Hinweise darauf geben der photoelektrische Effekt und die Compton-Streuung.
- Beim photoelektrischen Effekt schlagen Photonen mit passender Energie Elektronen aus einem Metallkörper.
- Das Lichtteilchen wird Photon genannt. Seine Energie und sein Impuls hängen von der Wellenlänge des Lichts, aber nicht von dessen Intensität ab.
- Beim photoelektrischen Effekt schlagen Photonen mit passender Energie Elektronen aus einem Metallkörper.
- Bei der Compton-Streuung übertragen Photonen einen Teil ihres Impulses auf freie Elektronen. Die gestreuten Photonen ändern ihre Richtung und fliegen mit größerer Wellenlänge weiter.
- Das Planck'sche Wirkungsquantum ist eine Naturkonstante, die den Zusammenhang zwischen der Energie und der Frequenz einer Welle herstellt.
- Klassische Materieteilchen zeigen unter bestimmten Umständen Wellencharakter. So erzeugen sie hinter einem Doppelspalt durch Interferenz ein Beugungsmuster.
- Die Wellenlänge (De-Broglie-Wellenlänge) einer Materiewelle hängt von ihrer kinetischen Energie ab.
- Das klassische Konzept von Teilchen und Wellen wird auf Quantenebene durch den Welle-Teilchen-Dualismus ersetzt, wonach alle Objekte in Messungen sowohl Teilchen- als auch Welleneigenschaften zeigen können.
- Die Schrödinger-Gleichung beschreibt das Verhalten von Materiewellen in Raum und Zeit. Sie fasst die kinetische und die potenzielle Energie der Welle zusammen.
- Für energetische Übergänge ist die zeitabhängige Schrödinger-Gleichung geeignet, für stehende Wellen wie Elektronen um einen Atomkern reicht die zeitunabhängige Schrödinger-Gleichung aus.
- Die Lösungen der Schrödinger-Gleichung sind komplexe Wellenfunktionen. Das Quadrat ihres Betrags entspricht der Aufenthaltswahrscheinlichkeitsdichte für einen gegebenen Ort. Die Wahrscheinlichkeit, ein Teilchen anzutreffen, ergibt sich durch Multiplikation mit der Volumeneinheit an diesem Ort.
- Damit sie das Verhalten von Materiewellen korrekt erfassen, müssen Wellenfunktionen zusätzlich die Normierungsbedingung erfüllen, dass die Wahrscheinlichkeit, ein Teilchen überhaupt irgendwo anzutreffen, gleich eins ist.
- Der Heisenberg'schen Unschärferelation zufolge können wir komplementäre Paare von Eigenschaften von Teilchen wie ihren Ort und Impuls prinzipiell nicht beide mit beliebiger Genauigkeit feststellen. Das Produkt der Abweichungen bleibt grundsätzlich gleich oder größer als $1/2\ \hbar$.
- Wollen wir ein Objekt trotz seiner Welleneigenschaften als Teilchen behandeln, können wir den Erwartungswert als Mittel der Wahrscheinlichkeiten bestimmen und als Aufenthaltsort verwenden.
- Nach dem Ehrenfest-Theorem und dem Bohr'schen Korrespondenzprinzip gehen die quantenphysikalischen Eigenschaften bei hohen Energien und großen Teilchenzahlen, wie sie in der makroskopischen Welt üblich sind, in die klassischen Eigenschaften über.

- Nach den Gesetzen der klassischen Physik müssten Elektronen unter Abgabe elektromagnetischer Strahlung auf Spiralbahnen in den Atomkern stürzen.
- Das Bohr'sche Atommodell legt, ohne Begründung, Postulate genannte Regeln für das Verhalten von Elektronen eines Atoms fest, die stabile Zustände ermöglichen.
- Das erste Bohr'sche Postulat erlaubt Elektronen, bestimmte stationäre Zustände in genau vorgegebenen Abständen vom Kern einzunehmen, ohne dabei Energie zu verlieren oder Strahlung abzugeben.
- Das zweite Bohr'sche Postulat bestimmt, dass Elektronen beim Wechsel zwischen den stationären Zuständen keine Zwischenstadien einnehmen, sondern ihn in einem Quantensprung vollziehen. Die Energiedifferenz wird durch Aufnahme oder Abgabe eines Photons ausgeglichen.
- Das dritte Bohr'sche Postulat legt fest, dass der Bahndrehimpuls gequantelt ist.
- Die Energien der stationären Zustände sowie die Radien der Elektronenbahnen im Bohr'schen Atommodell hängen von einer ganzen Zahl ab, der Hauptquantenzahl.
- Die Energien der Photonen für den Übergang von einem stationären Zustand zu einem anderen entspricht der Lage der Linien im Spektrum des Wasserstoffatoms. Die verschiedenen Serien des Spektrums unterscheiden sich in der Hauptquantenzahl des unteren Energieniveaus.
- Das Bohr'sche Atommodell gilt für das Wasserstoffatom exakt, für Atome mit mehr als einem Elektron macht es ungefähre Angaben.
- Basis für das aktuelle Atommodell sind die dreidimensionale zeitunabhängige Schrödinger-Gleichung und ihre Wellenfunktionen. In ihnen hängt der Zustand eines Elektrons von vier Quantenzahlen ab.
- Die Hauptquantenzahl bestimmt den Abstand des Elektrons bzw. der Aufenthaltswahrscheinlichkeit vom Atomkern. Beim Wasserstoff legt sie zudem alleine das Energieniveau des Elektrons fest, bei Atomen mit mehreren Elektronen gibt sie den Energiebereich vor.
- Die Drehimpulsquantenzahl regelt die Form des Raumes (Orbitals), in dem sich das Elektron aufhält. Bei Mehrelektronenatomen positioniert sie das Energieniveau des Elektrons innerhalb des von der Hauptquantenzahl vorgegebenen Bereichs.
- Die magnetische Quantenzahl gibt die Ausrichtung des Orbitals an. Sie nimmt nur Einfluss auf das Energieniveau des Elektrons, wenn sich das Atom in einem äußeren Magnetfeld befindet.
- Die Spinquantenzahl beschreibt den Spin des Elektrons und kann nur die Werte $+1/2$ oder $-1/2$ annehmen. Für den Spindrehimpuls des Elektrons gibt es keine Analogie aus der makroskopischen Welt.
- Für den Sprung von einem Energiezustand in einen anderen gelten die Auswahlregeln, wonach das Elektron nur in ein Orbital mit einer anderen Drehimpulsquantenzahl wechseln darf.
- In einem Termschema sind die Energieniveaus des Atoms grafisch aufgetragen.
- Der niedrigste Energiezustand eines Atoms ist sein Grundzustand, alle energetisch höheren Zustände heißen angeregte Zustände.
- Die Spin-Bahn-Kopplung beschreibt, wie sich die Richtungen des Bahndrehimpulses und des Spindrehimpulses sowie die dazugehörigen magnetischen Momente des Elektrons in Anwesenheit eines äußeren magnetischen Feldes kombinieren können, sodass sie für leicht unterschiedliche Energieniveaus gleichartiger Orbitale mit verschiedenen Ausrichtungen im Raum sorgen. Im Spektrum macht sich dies durch die Feinstrukturaufspaltung von Linien bemerkbar.
- Die Elektronenkonfiguration eines Atoms beschreibt die Belegung seiner Orbitale mit Elektronen.

- Die Orbitale werden in der Reihenfolge ihrer Energieniveaus besetzt, beginnend mit dem energieärmsten Orbital.
- Nach dem Pauli'schen Ausschließungsprinzip dürfen Elektronen eines Atoms nicht in allen vier Quantenzahlen übereinstimmen.
- Weil die inneren Elektronen mit ihrer Ladung die Kernladung teilweise abschirmen, nehmen Elektronen mit größerem Abstand zum Kern nur eine reduzierte effektive Kernladung wahr.
- Orbitale, deren Maximum für die Aufenthaltswahrscheinlichkeit sich weiter entfernt vom Kern befindet, besitzen häufig noch kleinere lokale Maxima in größerer Kernnähe. Sie durchdringen dabei die inneren Orbitale.
- Die Durchdringung der Orbitale bewirkt bei den Nebengruppenelementen, dass die 3d-Orbitale energetisch leicht niedriger liegen als die 4s-Orbitale. Entsprechendes gilt für die 4d- und 5s-Orbitale sowie die 5d- und 6s-Orbitale.
- Atome und ihre Elektronen wechselwirken auf verschiedene Weisen mit Licht. Photonen mit niedriger Energie werden nur elastisch gestreut und damit in andere Richtungen umgelenkt. Reicht die Energie eines Photons für einen Quantensprung, wird es absorbiert. Das Elektron wird dadurch auf ein höheres Energieniveau gehoben (Resonanzabsorption) oder aus dem Atom gelöst (photoelektrischer Effekt). Eventuell überschüssige Energie wird als längerwelliges Photon abgestrahlt (Compton-Streuung). Aus dem angeregten Zustand fällt das Elektron wieder in den Grundzustand zurück, indem es den direkten Sprung macht (spontane Emission) oder vorher einen Teil der Energie abgibt und ein Photon mit größerer Wellenlänge aussendet. Dies kann sehr schnell geschehen (Fluoreszenz) oder mit zeitlicher Verzögerung, weil das Elektron vorübergehend einen metastabilen Zustand einnimmt (Phosphoreszenz). Der Wechsel in den Grundzustand kann auch durch ein weiteres einfallendes Photon mit der passenden Energie ausgelöst werden (stimulierte Emission).
- Während elektromagnetische Wellen im ultravioletten, sichtbaren und infraroten Bereich des Spektrums meistens die Übergänge der außen liegenden Valenzelektronen bewirken, entstehen Röntgenstrahlen durch den Wechsel eines äußeren Elektrons auf einen freien Platz im inneren Bereich um den Atomkern.
- In Lasern werden die Atome des aktiven Mediums zum überwiegenden Teil durch Energiezufuhr in den angeregten Zustand versetzt (Besetzungsinversion). Die spontane Emission eines Photons, das dann über stimulierte Emission weitere Photonen induziert, führt lawinenartig zu kohärenten Photonen, die sich als Laserstrahl mit hoher Intensität ausbreiten.
- Für Ionenbindungen muss ein Partner unter Aufbringung der Ionisierungsenergie ein Elektron abgeben, der andere unter Einsatz der Elektronenaffinität ein Elektron aufnehmen.
- Die Coulomb'sche Anziehungskraft zwischen den entgegengesetzt geladenen Ionen sorgt für die Annäherung der Atome. Wird die Distanz zu gering, überlappen sich die Orbitale. Nach dem Pauli'schen Ausschließungsprinzip müssen dann Elektronen in energetisch höher liegende Orbitale ausweichen, was eine weitere Annäherung verhindert.
- Bei einer kovalenten Bindung vereinigen sich die überlappenden Atomorbitale zu Molekülorbitalen. Aus zwei Atomorbitalen entstehen zwei Molekülorbitale, von denen das eine die Atome verbindet, das andere sie auseinanderdrückt. Das Energieniveau bindender Molekülorbitale ist niedriger als bei antibindenden Molekülorbitalen, sodass zuerst die bindenden Orbitale mit Elektronen besetzt werden.
- Kohlenstoff kann sehr flexibel verschiedene Kombinationen von Einfach-, Doppel- und Dreifachbindungen eingehen. Dafür vermischt das Atom seine 2s- und 2p-Atomorbitale zu energetisch gleichwertigen Hybridorbitalen, mit denen es dann kovalente Bindungen aufbaut.

- Van-der-Waals-Bindungen entstehen durch Ausrichtung von permanenten oder transienten elektrischen Dipolmomenten benachbarter Moleküle.
- Wasserstoffbrückenbindungen verknüpfen partiell negativ geladene Atome über ein dazwischenliegendes partiell positiv geladenes Wasserstoffatom. Sie sorgen beispielsweise für den Zusammenhalt von Wassermolekülen.
- In metallischen Bindungen kombinieren alle beteiligten Atome ihre Außenelektronen zu einem Elektronengas, das sich um die Atomrümpfe legt.
- Neben den elektronischen Energieniveaus durch die Verteilung der Elektronen auf die Orbitale besitzen Moleküle noch Unterniveaus, in denen die Bindungen um eine mittlere Länge schwingen, sowie Unterunterniveaus durch die Rotation des Moleküls.
- Die Schwingungsenergieniveaus und Rotationsenergieniveaus verbreitern die Linien in den Absorptions- und Emissionsspektren zu Banden, die aus sehr vielen, eng benachbarten Linien bestehen.
- Im Kern oder Nuklid eines Atoms befinden sich die Protonen und Neutronen als Nukleonen. Die Zahl der Protonen gibt das Element vor, von dem es meist verschiedene Isotope mit unterschiedlichen Neutronenzahlen gibt.
- Die starke Kernkraft hält die Nukleonen zusammen, wohingegen die Coulomb'sche Abstoßungskraft der positiven Protonenladung die Teilchen auseinander drückt. Die Aufgabe der Neutronen ist es, durch Kontakt zu den Protonen und als Abstandhalter den Ausgleich der Kräfte zu bewirken.
- Nach dem Tröpfchenmodell ist der Atomkern näherungsweise kugelförmig.
- Die Masse eines Nuklids ist geringer als die Summe der Massen seiner Bestandteile. Die Differenz ist durch den Massendefekt als Bindungsenergie freigesetzt worden.
- Instabile Kerne stoßen beim radioaktiven Zerfall Teilchen oder Strahlen aus. Die wichtigsten Formen des radioaktiven Zerfalls sind α-Zerfall mit Ausstoß von Heliumkernen, β-Zerfall, bei dem Elektronen oder Positronen abgegeben werden, und γ-Zerfall, bei dem lediglich energiereiche Strahlung emittiert wird.
- Der Zerfall eines Atomkerns findet spontan und zufällig statt. Dadurch nehmen die Zahl der verbliebenen radioaktiven Teilchen sowie die Zerfallsrate exponentiell mit der Zeit ab. Anhand der Zerfallskonstanten oder der Halbwertszeit können wir das radioaktive Isotop bestimmen.
- Radioaktive Strahlung kann durch Hindernisse abgeschirmt werden. Bei α-Strahlung reicht ein Blatt Papier, für β-Strahlung ist ein fingerdicker Kunststoffschirm notwendig, γ-Strahlung erfordert dicke Blei- oder Betonwände.
- Die Strahlendosis wird als Zahl der ionisierten Teilchen pro Masse (Ionendosis), als die im Material verbleibende Energie (Energiedosis) oder als die biologisch wirksame Energie (Äquivalentdosis) angegeben. Die normale Belastung liegt bei wenigen mSv pro Jahr, der Grenzwert ist auf 20 mSv festgelegt.

Serviceteil

A

A.1 Literatur

Bleck-Neuhaus J (2012) Elementare Teilchen: Von den Atomen über das Standard-Modell bis zum Higgs-Boson. Springer, Heidelberg

Fritsche O (2013) Physik für Biologen und Mediziner. Springer, Heidelberg

Griffiths D J (2012) Quantenmechanik: Eine Einführung. Pearson, London

Holzner S (2012) Quantenphysik für Dummies. Wiley-VCH, Weinheim

Tipler Paul A (2015) Physik. Springer, Heidelberg

A.2 Glossar

Aktivität Anzahl der Zerfallsereignisse einer radioaktiven Probe pro Zeit.

α-Zerfall Radioaktive Zerfallsart. Ausstoß eines Heliumkerns aus einem instabilen Atomkern.

angeregter Zustand Jeder Zustand eines Elektrons oder Atoms mit mehr Energie als der Grundzustand.

Anti-Stokes-Raman-Streuung Emission eines kürzerwelligen Photons nach Absorption eines Photons durch ein Atom. Das emittierte Photon besitzt mehr an Energie, weil sich das Atom bei der Absorption bereits in einem angeregten Zustand befand und bei der Emission in einen energetisch niedrigeren Zustand als den Ausgangszustand zurückfällt.

Äquivalentdosis Energie, die durch radioaktive Strahlung in einen biologischen Körper eingebracht wird, unter Berücksichtigung der Wirksamkeit des Strahlentyps.

Atomorbital 1. Wellenfunktion für ein Elektron in einem Atom. 2. Raum mit der größten Aufenthaltswahrscheinlichkeit für ein Elektron eines Atoms.

Aufenthaltswahrscheinlichkeitsdichte Die Wahrscheinlichkeit pro Volumen, ein Teilchen an einem bestimmten Ort anzutreffen.

Auswahlregeln Bedingungen für den Wechsel eines Elektrons von einem Orbital in ein anderes.

Bahndrehimpuls Aus der Kreisbewegung um den Kern resultierender Drehimpuls eines Elektrons.

Bahndrehimpulsquantenzahl Gibt die Form des Raumelements an, in welchem die Aufenthaltswahrscheinlichkeit eines Elektrons am größten ist (Orbital).

Becquerel Einheit der Aktivität. 1 bq entspricht 1 Zerfall pro Sekunde.

β-Zerfall Radioaktive Zerfallsart. Ausstoß eines Elektrons oder eines Positrons aus einem instabilen Atomkern.

Bohr'sche Postulate Unbegründete Vorgaben für die Eigenschaften von Elektronen in Atomen sowie die Wechsel zwischen den verschiedenen Zuständen.

Bohr'scher Radius Abstand des Elektrons vom Kern im Grundzustand des Wasserstoffatoms.

Bohr'sches Atommodell Vorstellung vom Aufbau eines Atoms nach den Regeln der Bohr'schen Postulate. Danach bewegen sich Elektronen auf bestimmten Kreisbahnen um den Kern.

Bohr'sches Korrespondenzprinzip Annahme, dass sich quantenmechanische und klassische Berechnungen mit zunehmender Energie einander annähern.

Bremsstrahlung Kontinuierliche Komponente der Röntgenstrahlung. Entsteht durch den Verlust an kinetischer Energie schneller Elektronen, die auf Materie treffen und von den Elektronenhüllen abgestoßen und abgebremst werden.

Compton-Streuung Elastischer Stoß eines Photons an einem freien Elektron, bei dem das Photon seine Fortbewegungsrichtung ändert und an Impuls verliert.

Compton-Wellenlänge Teilchenspezifische Größe. Gibt an, wie sehr sich die Wellenlänge eines Photons vergrößert, das im rechten Winkel an dem Teilchen gestreut wird.

De-Broglie-Wellenlänge Wellenlänge eines Teilchens, wenn es als Materiewelle beschrieben wird.

Dissoziationsenergie Energie, um ein Ionenpaar zu trennen und in neutrale Atome umzuwandeln.

Drehimpulsquantenzahl Gibt die Form des Raumelements an, in welchem die Aufenthaltswahrscheinlichkeit eines Elektrons am größten ist (Orbital).

effektive Kernladung Tatsächlich hinter der Abschirmung durch innere Elektronen wirkende elektrische Ladung des Kerns.

Ehrenfest-Theorem Annahme, wonach sich Erwartungswerte quantenmechanischer Objekte wie klassische Teilchen bewegen.

Elektronenaffinität Energie, mit der ein Atom ein zusätzliches Elektron bindet.

Elektronenkonfiguration Belegungsmuster der Orbitale eines Atoms mit Elektronen.

elektronische Anregung Wechsel eines Elektrons in einen energetisch höheren Zustand.

Energiedosis Energiemenge, die radioaktive Strahlung pro Masse in einen Körper einträgt.

Erwartungswert Wahrscheinlichster Aufenthaltsort eines Teilchens, das als Welle vorliegt.

Feinstrukturaufspaltung Trennung einer Linie im Spektrum in zwei eng benachbarte Linien beim Anlegen eines äußeren magnetischen Felds. Geht auf die energetischen Unterschiede von Elektronen mit verschiedenen Kombinationen von Bahndrehimpuls und Spindrehimpuls nach der Spin-Bahn-Kopplung zurück.

Fluoreszenz Leicht verzögerte Abstrahlung eines Photons nach Anregung eines Atoms mit einem kürzerwelligen Photon.

γ-Zerfall Radioaktive Zerfallsart. Aussendung eines hochenergetischen Photons aus einem angeregten Atomkern.

Grenzfrequenz Kleinste Frequenz, bei welcher monochromatisches Licht den photoelektrischen Effekt auslösen und Elektronen aus einer Metalloberfläche schlagen kann.

Grenzwellenlänge Kleinste Wellenlänge, bei welcher monochromatisches Licht den photoelektrischen Effekt auslösen und Elektronen aus einer Metalloberfläche schlagen kann.

Grotrian-Diagramm Grafische Auftragung der Energieniveaus eines Atoms.

Grundzustand Energetisch niedrigster Zustand eines Elektrons oder Atoms.

hadronische Kraft Starke Kernkraft, die den Atomkern zusammenhält.

Halbwertszeit Zeitraum, nach dem eine radioaktive Probe zur Hälfte zerfallen und die Zerfallsrate auf die Hälfte gesunken ist.

Hauptquantenzahl Bestimmt den Abstand eines Elektrons bzw. seiner Aufenthaltswahrscheinlichkeit vom Kern.

Heisenberg'sche Unschärferelation Prinzipielle Unmöglichkeit, komplementäre Eigenschaften von Teilchen wie Ort und Impuls mit beliebiger Genauigkeit zu bestimmen.

Heisenberg'sches Unbestimmtheitsprinzip Prinzipielle Unmöglichkeit, komplementäre Eigenschaften von Teilchen wie Ort und Impuls mit beliebiger Genauigkeit zu bestimmen.

Hybridisierung Neukombination energetisch unterschiedlicher Orbitale zu energetisch gleichwertigen Hybridorbitalen.

Hybridorbital Energetisch gleichwertige Orbitale, die aus der Mischung energetisch unterschiedlicher Atomorbitale entstanden sind.

Ionenbindung Form der chemischen Bindung zwischen entgegengesetzt geladenen Ionen.

Ionendosis Anzahl der gleichnamigen Ionen pro Masse, die radioaktive Strahlung in einem Körper erzeugt.

Ionisierungsenergie Notwendige Energie, um ein Elektron aus seinem Atom zu lösen.

Isotop Varianten eines Elements mit gleicher Protonenzahl, aber unterschiedlicher Neutronenzahl.

kovalente Bindung Form der chemischen Bindung, bei welcher sich die beteiligten Atome Elektronenpaare teilen.

Laser Gerät zum Aussenden intensiver gebündelter Strahlen kohärenten, monochromatischen Lichts.

magnetische Quantenzahl Die Ausrichtung eines Orbitals im Raum.

Massendefekt Umwandlung von Masse der Teilchen eines Atomkerns in Bindungsenergie.

Materiewelle Beschreibung eines Teilchens als Welle.

metallische Bindung Form der chemischen Bindung, bei welcher sich die Atomrümpfe in einer Art Elektronengas ihrer gemeinsamen Außenelektronen befinden.

metastabiler Zustand Zustand eines Elektrons in einem Atom, den es nur durch einen verbotenen Übergang wie eine Spinumkehr erreichen kann. Da die Wahrscheinlichkeit für solch einen Übergang gering ist, verbleibt das Elektron länger in dem metastabilen Zustand als in einem regulären Zustand, bevor es ihn durch einen erneuten verbotenen Übergang wieder verlässt.

Molekülorbital Raum mit der größten Aufenthaltswahrscheinlichkeit für Elektronen innerhalb einer kovalenten Bindung.

Multiplizität Anzahl der Zustände des Gesamtspins der Elektronenhülle eines Atoms mit gleicher Energie bei Abwesenheit eines äußeren Magnetfelds.

Normierungsbedingung Zusätzliche Anforderung an Wellenfunktionen, damit sie das Wellenverhalten von Teilchen korrekt beschreiben. Die Normierungsbedingung verlangt, dass die Wahrscheinlichkeit, das Teilchen überhaupt irgendwo anzutreffen, gleich eins ist.

Nukleon Sammelbegriff für die Teilchen im Atomkern: Protonen und Neutronen.

Nuklid Atomkern.

Orbital 1. Wellenfunktion für ein Elektron. 2. Raum mit der größten Aufenthaltswahrscheinlichkeit für ein Elektron.

Pauli'sches Ausschließungsprinzip Regel, wonach innerhalb eines Atoms für keine zwei Elektronen alle vier Quantenzahlen gleich sein dürfen.

Phosphoreszenz Verzögerte Abstrahlung eines Photons nach Anregung eines Atoms mit einem kürzerwelligen Photon. Die Verzögerung entsteht, weil sich das Elektron vorübergehend in einem metastabilen Zustand befindet.

photoelektrischer Effekt Photonen schlagen Elektronen aus einer Metalloberfläche. Hinweis auf den Teilchencharakter von Licht.

Photon Lichtteilchen.

Planck'sches Wirkungsquantum Naturkonstante, die den Zusammenhang zwischen der Energie und Frequenz einer Welle herstellt. Gekennzeichnet durch das Symbol h.

Polarkoordinaten System zur Angabe eines Punktes im Raum, bestehend aus dem Abstand vom Bezugspunkt sowie zwei senkrecht aufeinander stehenden Winkeln.

Promotion Anheben eines Elektrons in ein energetisch höheres Atomorbital im Zuge einer Hybridisierung der Orbitale.

Quantenzahlen Zahlenwerte zur Beschreibung des Zustands eines Elektrons oder Atoms. Ergeben sich aus der Wellengleichung.

radioaktiver Zerfall Umorganisation eines instabilen Atomkerns durch Ausstoß von Teilchen oder Energie.

Raman-Streuung Inelastische Streuung eines Photons an einem Atom durch Absorption und Emission, bei welcher die Wellenlänge des ausgesandten Photons größer (Anti-Stokes-Raman-Streuung) oder kleiner (Stokes-Raman-Streuung) als jene des einfallenden Photons ist.

Rayleigh-Streuung Elastische Streuung eines Photons an einem Atom ohne Absorption. Findet statt, wenn die Wellenlänge des Photons deutlich größer ist als der Teilchendurchmesser.

reduzierte Masse Kombination der Masse zweier Teilchen, mit welcher das Verhalten des Systems so beschrieben werden kann, als gäbe es nur ein Teilchen mit der reduzierten Masse.

Resonanzabsorption Absorption eines Photons, dessen Energie exakt für den Übergang zwischen zwei Energieniveaus innerhalb eines Atoms ausreicht.

Rotationsenergieniveau Unterniveau innerhalb eines Schwingungsenergieniveaus durch verschiedene Rotationszustände eines Moleküls.

Schrödinger-Gleichung Partielle Differenzialgleichung zur Beschreibung einer Materiewelle. Fasst deren kinetische und potenzielle Energie zusammen.

Schwingungsenergieniveau Unterniveau innerhalb eines elektrischen Energieniveaus, das durch verschiedene Streckschwingungen der kovalenten Bindungen eines Moleküls hervorgerufen wird.

Spin-Bahn-Kopplung Die Verknüpfung des Bahndrehimpulses und des Spindrehimpulses des Elektrons zu Energiezuständen mit leicht unterschiedlichen Werten.

Spindrehimpuls Quantenphysikalische Eigenschaft des Elektrons ohne Entsprechung in der makroskopischen Welt. Vorstellbar – tatsächlich aber nicht analog – zur Drehung des Elektrons um seine eigene Achse.

Spinquantenzahl Quantenzahl für den Spindrehimpuls eines Elektrons. Kann nur die Werte $+1/2$ oder $-1/2$ einnehmen.

spontane Emission Abgabe eines Photons beim Quantensprung von einem angeregten Zustand in einen energetisch niedrigeren Zustand ohne äußeren Anlass.

starke Kernkraft Fundamentale Wechselwirkung, welche die Teilchen des Atomkerns zusammenhält.

stimulierte Emission Durch ein zweites Photon ausgelöste Abgabe eines Photons beim Wechsel eines Atoms von einem angeregten Zustand in einen niedrigeren Zustand.

Stokes-Raman-Streuung Emission eines längerwelligen Photons nach Absorption eines Photons. Der Unterschied entsteht, weil das Elektron bei der Emission nicht in den gleichen Zustand wie bei der Absorption zurückkehrt, sondern in einen weiteren höheren Energiezustand unterhalb des angeregten Zustands.

Strahlendosis Menge der radioaktiven Strahlung, die auf einen Körper einwirkt.

Termschema Grafische Auftragung der Energieniveaus eines Atoms.

Tröpfchenmodell Modell für den Atomkern, der danach etwa kugelförmig ist.

van-der-Waals-Bindung Form der chemischen Bindung über ausgerichtete elektrische Dipolmomente von Molekülen.

Wasserstoffbrückenbindung Gerichtete chemische Bindung, in welcher ein partiell negativ geladenes Atom und ein partiell positiv geladenes Wasserstoffatom eines Moleküls in Reihe mit einem partiell negativ geladenem Atom eines anderen Moleküls stehen.

Wellenfunktion Lösung der Schrödinger-Gleichung. Das Quadrat ihres Betrags an einem bestimmten Ort gibt die Aufenthaltswahrscheinlichkeitsdichte eines Teilchens an diesem Ort an.

Welle-Teilchen-Dualismus Vorstellung, wonach sich quantenmechanische Objekte je nach Messung wie eine klassische Welle oder ein klassisches Teilchen verhalten können.

Zerfallskonstante Isotopenspezifische Konstante, in welcher alle relevanten Größen für die Wahrscheinlichkeit eines radioaktiven Zerfalls zusammengefasst sind.

Zerfallsrate Anzahl der Zerfallsereignisse einer radioaktiven Probe pro Zeit.

Zerfallsreihe Abfolge von radioaktiven Zerfällen.

A.3 Antworten

1. Setzen wir die Wellenlänge des Lichts in Gleichung 3.1 oder 3.4 ein, sehen wir, dass ein Photon von 400 nm eine Energie von 3,1 eV besitzt – genug, um über den photoelektrischen Effekt Elektronen aus dem Natriumverband herauszulösen.

2. Einsetzen in Gleichung 3.12 liefert uns eine kinetische Energie von 150 eV.

3. Die Photonen des Sonnenlichts übertragen bei ihren elastischen Stößen mit dem Segel ihren Impuls auf die Sonde und treiben diese dadurch an.

4. Zur Hauptquantenzahl $n = 4$ gehören drei Drehimpulsquantenzahlen $l = 0, 1, 2, 3$, die den s-, p-, d- und f-Orbitaltypen entsprechen. Jeder Typ umfasst Orbitale mit verschiedenen Ausrichtungen, deren Anzahl die magnetische Quantenzahl festlegt, die jeweils von $-l$ bis $+l$ reicht. Für das s-Orbital ($l = 0$) ist dies nur ein Orbital, für den p-Typ ($l = 1$) sind es drei Orbitale, beim d-Typ ($l = 2$) fünf, und vom f-Typ ($l = 3$) gibt es sieben Orbitale. Insgesamt sind es also 16 Orbitale.

5. Die Wellenlänge verrät uns, dass es sich um eine Linie aus der Balmer-Serie im sichtbaren Teil des Spektrums handelt. Bei dieser Serie hat das untere Energieniveau die Hauptquantenzahl $n = 2$. Die zugehörige Energie können wir nach dem Bohr'schen Atommodell mit Gleichung 4.8 berechnen. Sie liegt bei $E_2 = -3{,}4\text{eV}$. Die Energie des Photons beläuft sich auf 2,86 eV. Um diese Energie muss der angeregte Zustand energiereicher sein. Er hat demnach $E_x = -3{,}4\,\text{eV} + 2{,}86\,\text{eV} = 0{,}54\,\text{eV}$. Probieren wir verschiedene Werte für n in Gleichung 4.8 aus, stellen wir fest, dass die O-Schale mit der Hauptquantenzahl $n = 5$ die passende Energie hat. Der Übergang erfolgt also zwischen der 5. und der 2. Schale.

6. Nach den Auswahlregeln muss sich die Drehimpulsquantenzahl um $+1$ oder -1 ändern. Da sie beim Start in einem p-Orbital bei $l = 1$ liegt, sind als Ziel Orbitale mit $l = 2$ (d-Orbitale) und mit $l = 0$ (das s-Orbital) erlaubt. Die nächste Einschränkung macht die magnetische Quantenzahl, die sich ebenfalls nur um $+1$ oder -1 ändern oder gleich bleiben darf. Zu Beginn war sie im p_z-Orbital $l = 0$. Sie darf demnach auf der Zielschale die Werte -1, 0 oder +1 annehmen. Damit erhalten wir als mögliche Ziele das 4s-Orbital und drei 4d-Orbitale mit den Drehimpulsquantenzahlen -1, 0 und 1. Insgesamt vier erlaubte Orbitale.

7. Mit Gleichung 5.4 erhalten wir 140,85 *kJ/mol*.

8. Jedes der Atome besitzt auf der äußersten Schale ein s- und drei p-Orbitale. Zusammen haben wir damit $2 \cdot (1 + 3) = 8$ Atomorbitale. Die Anzahl der Molekülorbitale ist gleich der Zahl der überlappenden Atomorbitale, in diesem Fall also gleich 8. Die Hälfte von ihnen (4) ist bindend, die andere Hälfte (4) ist antibindend.

9. Durch die Anregung gelangt das Molekül meistens in einen der höheren Schwingungs- und Rotationszustände des höheren elektronischen Zustands. Indem es seine Schwingungs- und seine Rotationsenergie schrittweise abbaut, gibt es den gesuchten Teil der Anregungsenergie in kleinen Portionen ab, die nicht als sichtbares Licht emittiert werden, dem späteren Fluoreszenz-Photon aber fehlen.

10. Mit Gleichung 6.3 und Dreisatz erhalten wir als durchschnittlichen Massendefekt pro Nukleon 0,0089 u.

11. Wir setzen die gegebenen Aktivitäten als R und R_0 in Gleichung 6.7 ein und lösen sie nach der Zerfallskonstanten auf. Das Ergebnis gibt uns in Gleichung 6.9 eine Halbwertszeit von 1078 s, was etwa 18 Minuten entspricht.

12. Wir müssen die Umrechnungen zur Strahlendosis von der Äquivalentdosis zur Ionendosis rückwärts durchführen. Die Äquivalentdosis von 20 mSv wird wegen des

Gewichtungsfaktors von 20 für α-Teilchen zu einer Energiedosis von 1 mGy. Weil der Korrekturfaktor für biologisches Gewebe bei 37 Gy/(C/kg) liegt, entspricht dies einer Ionendosis von $2{,}7 \cdot 10^{-5}$ C/kg.

13.

1. Die Energie des Grundzustands ist:

$$\begin{aligned} E_1 &= \frac{h^2}{8\, m_p\, d^2} \\ &= \frac{(6{,}63 \cdot 10^{-34}\ \mathrm{J\ s})^2}{8\,(1{,}67 \cdot 10^{-27}\ \mathrm{kg})\,(10^{-15}\ \mathrm{m})} \cdot \frac{1\ \mathrm{eV}}{1{,}6 \cdot 10^{-19}\ \mathrm{J}} \\ &= 206\ \mathrm{MeV} \end{aligned}$$

   Die Energien der angeregten Zustände sind $E_n = n^2\, E_1$. Daher sind die Energien der ersten beiden angeregten Zustände

$$E_2 = 2^2\, E_1 = 4\,(206\ \mathrm{MeV}) = 824\ \mathrm{MeV}$$
$$E_3 = 3^2\, E_1 = 9\,(206\ \mathrm{MeV}) = 1{,}85\ \mathrm{GeV}$$

2. Die Wellenlänge bei einem Übergang ist gegeben durch

$$\lambda = \frac{h\,c}{\Delta E} = \frac{1240\ \mathrm{eV\ nm}}{\Delta E}$$

   Beim Übergang 2 → 1 ist die Energiedifferenz

$$\Delta E_{2\to 1} = E_2 - E_1 = 4\,E_1 - E_1 = 3\,E_1$$

   und die Wellenlänge ist

$$\lambda_{2\to 1} = \frac{1240\ \mathrm{eV\ nm}}{3\,E_1} = \frac{1240\ \mathrm{eV\ nm}}{3\,(206\ \mathrm{MeV})} = 2{,}01\ \mathrm{fm}$$

3. Beim Übergang 3 → 2 ist die Energiedifferenz

$$\Delta E_{3\to 2} = E_3 - E_2 = 9\,E_1 - 4\,E_1 = 5\,E_1$$

   und die Wellenlänge ist

$$\lambda_{3\to 2} = \frac{1240\ \mathrm{eV\ nm}}{5\,E_1} = \frac{1240\ \mathrm{eV\ nm}}{5\,(206\ \mathrm{MeV})} = 1{,}20\ \mathrm{fm}$$

4. Beim Übergang 3 → 1 ist die Energiedifferenz

$$\Delta E_{3\to 1} = E_3 - E_1 = 9\,E_1 - E_1 = 8\,E_1$$

   und die Wellenlänge ist

$$\lambda_{3\to 1} = \frac{1240\ \mathrm{eV\ nm}}{8\,E_1} = \frac{1240\ \mathrm{eV\ nm}}{8\,(206\ \mathrm{MeV})} = 0{,}752\ \mathrm{fm}$$

(aus Tipler)

Printed by Printforce, the Netherlands